AF701929

SUTURE COMO UN CIRUJANO

La guía médica para los nudos quirúrgicos y las técnicas de sutura que se utilizan en los departamento de cirugía, servicios de urgencias y medicina de familia

M. Mastenbjörk M.D.
S. Meloni M.D.

Medical Creations

© Copyright Medical Creations 2022 - Todos los derechos reservados.

El contenido de este libro no puede reproducirse, duplicarse ni transmitirse sin el permiso directo por escrito del autor.

Bajo ninguna circunstancia se responsabilizará legalmente ni se culpará al editor de ninguna reparación, daño o pérdida económica debido a la presente información, ya sea directa o indirectamente.

Aviso legal:

Este libro está protegido por derechos de autor. Es solo para uso personal. No puede modificar, distribuir, vender, usar, citar ni parafrasear ninguna parte o contenido de este libro sin el consentimiento del autor.

Aviso de exención de responsabilidad:

Tenga en cuenta que la información contenida en este documento es solo para fines educativos. Se ha hecho todo lo posible para proporcionar información completa precisa, actualizada y fiable. No hay garantías de ningún tipo expresas o implícitas. Los lectores reconocen que el autor no se dedica a la prestación de asesoramiento legal, financiero, médico o profesional. El contenido de este libro se ha obtenido de varias fuentes. Consulte a un profesional autorizado antes de intentar cualquiera de las técnicas descritas en este libro.

Al leer este documento, el lector acepta que bajo ninguna circunstancia el autor es responsable de ninguna pérdida, directa o indirecta, que se haya producido como consecuencia del uso de la información contenida en este documento, incluidos, entre otros, errores, omisiones o inexactitudes.

Índice

INTRODUCCIÓN

La palabra "sutura" se refiere al uso de un material similar a un hilo para aproximar los tejidos juntos o ligar (sellar) los vasos sanguíneos. La sutura es una técnica que lleva siglos practicándose. La primera referencia a la sutura se remonta a 3000 AC, y se puede encontrar en la literatura egipcia antigua. A lo largo de los años se han usado diversos materiales, como cáñamo, algodón y seda. Del mismo modo, las agujas también se han hecho de varios materiales diferentes –hueso, plata, bronce y cobre.

A lo largo de los años, tanto los materiales como las técnicas utilizados para la sutura han sido objeto de un alto grado de perfeccionamiento. Las técnicas de sutura hoy en día se realizan bajo condiciones estériles, asépticas y usando instrumentos bien elaborados. Sin embargo, ciertos principios han permanecido inalterados a lo largo de los años, y son esenciales para el éxito y el mantenimiento de la integridad de los tejidos.

La mayoría de los estudiantes (e incluso algunos residentes) asumen que el propósito de la sutura es mantener juntas las incisiones. Si bien esto es cierto, la sutura también es útil para una variedad de otros fines. A continuación presentamos algunas aplicaciones frecuentes de las técnicas de sutura:

- Cerrar las incisiones, permitiendo la cicatrización principal.
- Aproximar los márgenes de la herida después de levantar un colgajo o de una biopsia, para permitir la cicatrización secundaria.
- Favorecer la hemostasia cerrando los bordes sangrantes de la herida.
- Ligar los vasos sanguíneos.

- Aproximar los extremos de los vasos sanguíneos (anastomosis), lo que permite que la sangre se desvíe a diferentes áreas. Un ejemplo habitual de esto es la cirugía de revascularización cardíaca.
- Reparar nervios y tendones seccionados.
- Anclar temporalmente los tejidos y retraerlos durante la cirugía, lo que mejora el acceso y la visibilidad.

A simple vista, el proceso de sutura parece algo sencillo y generalmente se deja a los residentes más jóvenes o internos de cirugía al final de la intervención quirúrgica. Sin embargo, la sutura también puede ser la fase más crítica de la cirugía. Si la sutura no se lleva a cabo correctamente, se pueden producir una serie de complicaciones posoperatorias. Estas pueden incluir la apertura espontánea de los bordes de la herida, hernia incisional, curación y cicatrización inadecuadas, hemorragia posoperatoria e infección de la herida. Por lo tanto, es esencial que los estudiantes reciban formación para tener las habilidades necesarias para llevar a cabo el proceso de sutura.

Este manual de sutura ofrece una perspectiva de los conceptos básicos del proceso de sutura. La primera parte del manual trata del material requerido, las indicaciones y los principios básicos de las técnicas de sutura. En la siguiente parte se habla del atado de nudos, los diferentes tipos de suturas y sus aplicaciones. En el último apartado también se aborda el cuidado de la herida antes y después del proceso de sutura.

Comience a practicar de inmediato con nuestro equipo de práctica de suturas 'Medical Creations'.

Envíenos un correo electrónico para recibir un código de descuento: martin@medicalcreations.net

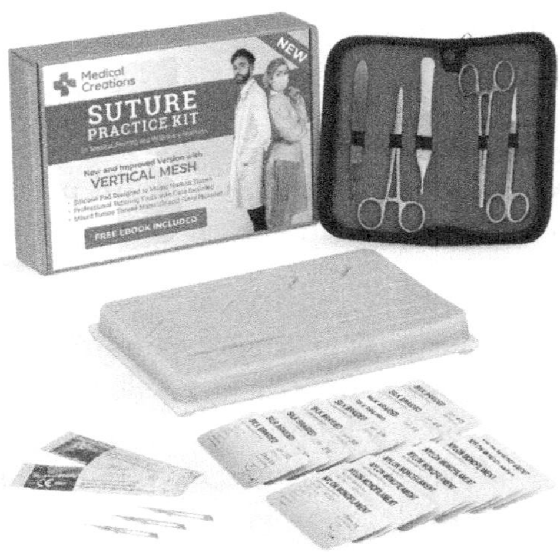

CAPÍTULO 1

Material

Para que una sutura tenga éxito, se requieren dos materiales: aguja quirúrgica y material de sutura. Estos pueden manipularse con un instrumento manual, a saber, el portagujas. Algunos otros instrumentos de utilidad son las pinzas de sujeción de tejido, que ayudan a estabilizar el tejido que se sutura, y un par de tijeras para cortar las suturas. Cada uno de ellos se describe minuciosamente en los apartados siguientes.

AGUJAS DE SUTURA

Las agujas quirúrgicas se utilizan básicamente para llevar el material de sutura al tejido. Perforan la piel o las capas más profundas y transfieren el material montado en ellas a través de los tejidos. La aguja ideal debe tener las siguientes propiedades:

- Ser lo suficientemente rígida como para resistir la distorsión.
- Ser lo suficientemente flexible como para doblarse en lugar de romperse.
- Ser lo suficientemente afilada como para penetrar con facilidad en los tejidos.
- Ser lo suficientemente fina como para provocar el menor traumatismo en el tejido.
- Poder sujetarse con firmeza en el portagujas sin girar.
- Poder esterilizarse fácilmente.

Por lo general, las agujas están hechas de acero inoxidable de grado quirúrgico, ya que este reúne la mayoría de las propiedades anteriores. La aguja se compone de tres elementos: ojo, cuerpo y punta.

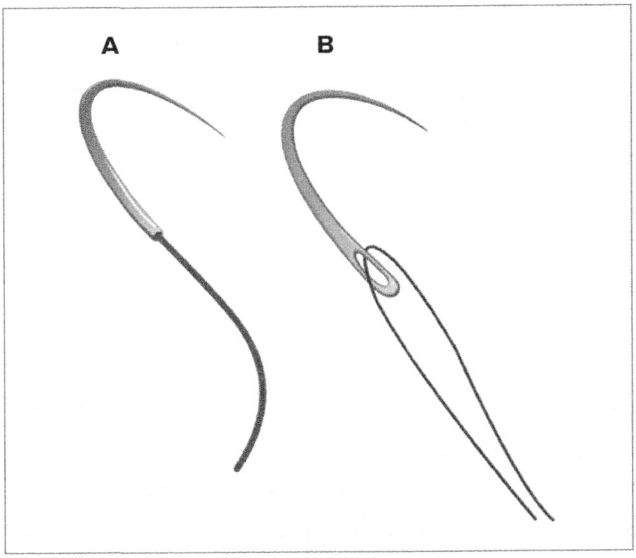

Extremo de la aguja: Esta es la parte que contiene material de sutura montado. La aguja puede tener un extremo con un "ojo", a través del cual se enhebra el material de sutura (b), o puede no tener ojos. Las agujas sin ojos también se llaman agujas curvas, y el material de sutura se engarza en las agujas (b). Las agujas curvas producen menos traumatismo en los tejidos que las agujas con ojos, ya que solo atraviesa una hebra del material de sutura. Las agujas con ojos llevan dos hilos de material, y posiblemente un nudo a través del tejido. Esto también crea un agujero que es más amplio que el material de sutura final que queda atrás, lo que puede llegar a causar pérdidas e infecciones. Las agujas curvas son para un solo uso y, por lo tanto, la pérdida de afilamiento de la aguja y la esterilización no suponen ningún problema. Sin embargo, las agujas con ojos pueden ser más rentables.

En las agujas curvas, hay dos formas de unir la aguja de sutura al material: perforación con láser y fijación del canal. La perforación con láser implica perforar un agujero en el extremo posterior de la aguja, en el que se fija la sutura. En la fijación del canal, se coloca un pequeño corte o canal en el extremo de la aguja de la mitad de su espesor, y el material se fija en esta depresión.

Cuerpo de la aguja: Este refleja la forma de la aguja. El cuerpo de la aguja puede ser recto o curvo. Las agujas curvas vienen con diferentes grados de curvaturas, como semicírculo, 1/4 de círculo, 3/4 de círculo, 3/8 de círculo o 5/8 de círculo. Si bien la aguja de 3/8 se utiliza con más frecuencia para suturar, el otro tipo también tiene ciertas aplicaciones. Esto se resumen en la Tabla 1.

TABLA 1. Clasificación de las agujas en función de la curvatura del cuerpo

Tipo De Cuerpo De La Aguja	Aplicaciones
Aguja recta	Rara vez se utiliza, cuando el cierre de la piel se realiza manualmente.
Semicurva (aguja de esquí)	Cirugía laparoscópica.
¼ de círculo	La curvatura poco pronunciada hace que sea cómoda para superficies convexas. Se utiliza en cirugía oftálmica y microcirugía.
3/8 de círculo	Es la más usada. Ideal para heridas superficiales y grandes. Requiere un amplio arco de rotación, por lo que no es apropiada para heridas profundas.
½ círculo	Se utiliza en espacios limitados como el aparato gastrointestinal, el peritoneo y el aparato respiratorio.
5/8 de círculo	Se utiliza en espacios profundos y limitados, no requiere mucho espacio lateral para la rotación. Estos incluyen el aparato genitourinario, la pelvis, la garganta y la cavidad bucal.

Punta de la aguja: Es el punto por donde comienza la penetración en el tejido. Las puntas de las agujas se pueden clasificar en función de su corte transversal. La forma del corte transversal es importante, ya que refleja la capacidad de la aguja para atravesar los tejidos. Un corte transversal afilado penetra fácilmente en los tejidos y es útil para estructuras más resistentes. Un corte transversal liso y redondo puede ser preferible para los tejidos blandos y frágiles. En la Tabla 2 se describen los diferentes tipos de puntas de aguja y sus aplicaciones.

TABLA 2. Clasificación de las agujas en función del corte transversal de la punta

Tipo De Punta De Aguja	Corte Transversal	Aplicaciones	Símbolo
Cuerpo redondo – cónico	Circular, se va estrechando hasta la punta	Músculo, fascia, mucosa, peritoneo, vísceras abdominales	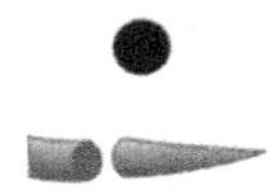
Cuerpo redondo y romo	Punta circular y redondeada	Tejido parenquimatoso del músculo ocular	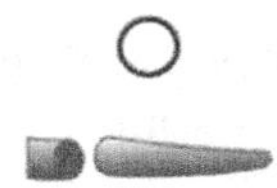
Corte	Borde cortante en triángulo sobre superficie cóncava	Tejido esclerótico resistente, esternón	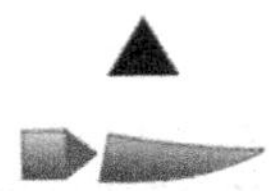
Corte inverso	Borde cortante en triángulo inverso, sobre superficie convexa	Tejidos que son resistentes pero que pueden desgarrarse, por ejemplo, la piel	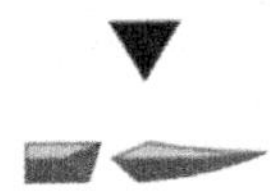
Espátula	Trapezoidal	Cirugía oftálmica, microcirugía	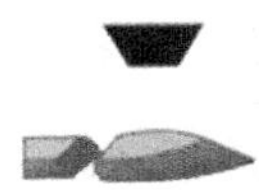

MATERIAL DE SUTURA

El material de sutura es de gran importancia porque en realidad va a mantener el tejido unido durante la fase de cicatrización. Por lo tanto, este material debe tener integridad estructural y, al mismo tiempo, no debe causar daños al tejido. Hay varias propiedades que un material de sutura ideal debe poseer. Entre ellas figuran las siguientes:

- Debe ser estéril o debe poder esterilizarse sin afectar a su integridad estructural.
- Debe ser biocompatible, y no debe provocar reacciones tisulares ni irritación.
- Debe ser fácil de manejar.

- No debe deshilacharse ni romperse fácilmente, y debe permitir que el nudo quede correctamente afianzado.
- Debe tener una alta resistencia a la tracción, que se mantenga durante la fase de cicatrización.
- Una vez completada la fase de cicatrización, debe tener un perfil de absorción adecuado.
- Debe poseer propiedades antibacterianas.
- Debe ser rentable.

Lamentablemente, no existe en la actualidad el material de sutura ideal, y los materiales disponibles habitualmente carecen de alguna o varias de estas propiedades. Por lo tanto, el cirujano debe elegir el mejor material posible dependiendo del tejido a suturar, su localización anatómica y los factores del huésped.

Tipos de materiales de sutura

Los materiales de sutura pueden clasificarse según su origen como materiales naturales o materiales sintéticos. Los materiales de sutura naturales han sido ya reemplazados en gran medida por materiales sintéticos, ya que los materiales sintéticos producen menos reacción tisular y sus propiedades son más previsibles, como resistencia a la tracción y tasa de absorción. Sin embargo, los materiales naturales son más rentables y, por lo tanto, todavía se utilizan mucho en lugares donde el gasto es una consideración importante. La seda natural se utiliza a menudo para fijar los drenajes.

Según el comportamiento del material en el organismo, los materiales de sutura se pueden clasificar además como materiales absorbibles y no absorbibles.

Materiales absorbibles: Los materiales absorbibles son digeridos por las enzimas del cuerpo o por hidrólisis después de un período de tiempo específico. La tasa de absorción es importante para estos materiales, ya que el proceso de absorción obviamente debilita la integridad estructural del material. Lo ideal es que la absorción comience solo cuando la herida haya alcanzado la resistencia a la tracción adecuada. La tasa de absorción puede verse influida por el tipo de material, la zona del cuerpo donde se coloque la sutura y los factores del huésped. Estas suturas son útiles cuando se suturan capas más profundas del cuerpo, ya que en estas zonas no es posible retirar la sutura. Estos materiales también se utilizan en zonas que cicatrizan rápidamente, como la anastomosis del intestino delgado, las vías urinarias y las vías biliares.

Materiales no absorbibles: Los materiales no absorbibles son preferibles cuando se necesita soporte tisular a largo plazo. Estos materiales deben retirarse manualmente o quedar aislados por los procesos inflamatorios del organismo. Se pueden utilizar para heridas superficiales, heridas que tienen que curarse lentamente, como ligadura vascular o anastomosis, y para suturar músculos, tendones, fascia y cierre de la pared abdominal. Los materiales no absorbibles se han dividido en tres clases. La clase 1 comprende la seda, el nailon y el polipropileno. La clase 2 comprende el algodón y el lino. La clase 3 comprende el acero quirúrgico. En la Tabla 3 se muestran ejemplos de los diferentes tipos de materiales.

TABLA 3. Clasificación de los materiales de sutura

Natural		Sintético	
Absorbible	**No Absorbible**	**Absorbible**	**No Absorbible**
Catgut (hilo de sutura) Hilo de sutura crómico	Seda Lino	Poliglactina (Vicryl) Monocrilo Polidioxanona (PDS)	Nailon Polipropileno (Prolene)

Otro método de clasificación de los materiales de sutura es como materiales monofilamento o materiales multifilamento. Como sugiere el nombre, los materiales de sutura monofilamento tienen una sola hebra. Por otro lado, los materiales multifilamento tienen varias hebras que se trenzan o se retuercen entre sí. Mientras que los materiales multifilamento tienen la ventaja de una mejor integridad estructural, presentan dos desventajas respecto a los monofilamentos. Primero, provocan traumatismos adicionales en los tejidos que atraviesan. En segundo lugar, el volumen añadido de estos materiales puede albergar microorganismos y provocar reacciones en los tejidos. Los monofilamentos son más difíciles de manejar y sus nudos son poco seguros, pero el riesgo de infección es menor. La seda y el Vicryl están disponibles como multifilamento, mientras que la mayoría de los otros materiales son monofilamento.

Tamaños de material de sutura

Los materiales de sutura generalmente disponibles se presentan en una variedad de tamaños. Según su tamaño, se les asigna un número en orden inverso. Cuanto mayor es el número de un material, menor es su tamaño. Los diferentes tamaños de sutura tienen diferentes aplicaciones en cirugía. Se resumen en la Tabla 4.

TABLA 4. Tamaños de los materiales de sutura y sus aplicaciones

Tamaño Del Material De Sutura	Aplicaciones En Cirugía
0-0 y 1-0	Cierre de la pared abdominal y fijación de los tubos de drenaje en el lugar de la herida.
2-0 y 3-0	Cierre de tejidos gruesos, como piel, fascia, músculos y tendones.
4-0 y 5-0	Cierre de la piel en áreas estéticas, como las manos, pies, cara y cierre de la piel en pacientes pediátricos.
6-0 y 7-0	Cirugía plástica y reparación de vasos sanguíneos.
8-0 a 11-0	Cirugía oftálmica y microcirugía, incluida la reconstrucción microvascular.

Características del material de sutura que puede afectar a los resultados de la cicatrización de las heridas:

Dado que no existe el material de sutura ideal, el cirujano debe tomar una decisión informada en función de las características de cada material. Las siguientes características pueden afectar al resultado final de la cicatrización de la herida y deben tenerse en cuenta:

- **Resistencia a la tracción:** La resistencia a la tracción se refiere a la cantidad de tensión que puede soportar un material de sutura antes de romperse. Los materiales de sutura son propensos a varias tensiones durante la colocación de la sutura, así como en el período posoperatorio, debido a la inflamación y el movimiento. Aparte de la resistencia a la tracción inicial, también es importante la velocidad a la que se pierde la resistencia a la tracción con el tiempo, y esto debe ser paralelo al aumento de la resistencia de la herida. La implantación, anudado y el atado de la propia sutura provocan una pérdida de resistencia a la tracción. La resistencia a la tracción también se pierde más rápidamente en un entorno húmedo.

- **Plasticidad:** La plasticidad se refiere a la capacidad de un material de estirarse para adaptarse al aumento de volumen del tejido. Esto es importante ya que la mayoría de los tejidos son propensos a inflamarse después de la manipulación quirúrgica. La plasticidad disminuye la incidencia de estrangulamiento del tejido y la formación de marcas de trama cruzada.
- **Elasticidad:** La elasticidad se refiere a la capacidad de un material de sutura para volver a su longitud original después de que la inflamación haya disminuido. Si un material es plástico pero no elástico, las suturas pueden aflojarse cuando desaparece la inflamación. Los materiales elásticos aseguran que los márgenes de la herida permanezcan juntos.
- **Memoria:** La memoria se refiere a la tendencia del material a volver a su forma original después de doblarse o manipularse. Un material con mucha memoria puede ser rígido y difícil de manipular. Hacer nudos con estos materiales puede suponer un desafío, ya que el nudo puede aflojarse y afectar a la integridad de la sutura.
- **Flexibilidad:** La flexibilidad se refiere al grado de flexibilidad y la facilidad con la que se puede doblar un material. Los materiales flexibles son más fáciles de manipular y menos propensos a romperse que los materiales no flexibles.
- **Coeficiente de fricción:** Se refiere al grado de deslizamiento del material. Un material resbaladizo se puede manipular mejor y no es propenso a romperse. Las suturas con un alto coeficiente de fricción pueden ser difíciles de atravesar y pueden causar traumatismos en el tejido.
- **Biocompatibilidad:** Todos los materiales de sutura son cuerpos extraños y, por lo tanto, provocan cierto grado de reacciones tisulares. Esto es mayor con materiales naturales y multifilamento. La mayoría de los materiales de sutura no causan reacciones alérgicas. Sin embargo, se ha observado que los ácidos crómicos presentes en el hilo de sutura crómico producen reacciones alérgicas en algunos pacientes.

- **Actividad antibacteriana:** Los materiales de sutura no tienen propiedades antibacterianas intrínsecas. Sin embargo, hay disponibles materiales recubiertos con agentes antibacterianos. El triclosán se ha utilizado para recubrir Monocryl y Vicryl, y se ha demostrado que reduce la colonización por especies de estafilococos.

Estas características varían según el material de sutura. Cada material debe elegirse para indicaciones específicas en función de las características anteriores. En la Tabla 5 se resumen las características e indicaciones de cada tipo de material de sutura.

TABLA 5. Características de los materiales de sutura de uso habitual

Type de Matériel	Matériel	Caractéristiques Principales	Applications
Absorbible	Hilo de sutura-Simple	Mantiene la resistencia a la tracción durante 7-10 días. Se absorbe en 70 días. Provoca una marcada reacción tisular. Tanto la resistencia a la tracción como la velocidad de absorción no son predecibles.	No se usa habitualmente en la actualidad.
	Hilo de sutura crómico	El tratamiento con ácido crómico retrasa la absorción que se produce aproximadamente a los 90 días. La resistencia a la tracción tiene una duración de 0 a 21 días. Puede provocar reacciones alérgicas debido al ácido crómico.	No se usa habitualmente, principalmente para el cierre de heridas de las mucosas.
	Hilo de sutura de rápida absorción	El tratamiento térmico facilita la absorción rápida, generalmente en 2-4 semanas. La resistencia a la tracción dura solo 5-7 días.	Heridas faciales, para fijar injertos de piel.

Type de Matériel	Matériel	Caractéristiques Principales	Applications
Absorbible	Ácido poliglicólico	Inicialmente, la alta resistencia a la tracción se reduce a la mitad en dos semanas, y solo se mantiene un 5 % a las cuatro semanas. Se absorbe en 90 a 120 días. Fácil de manejar, nudos bien afianzados. Alto coeficiente de fricción.	Cierre de capas más profundas.
	Ácido poliglicólico recubierto	Coeficiente de fricción reducido, pero menor fijación del nudo.	
	Ácido poliglicólico de rápida absorción	La resistencia a la tracción tiene una duración de 7 a 10 días. Hidrolizado en 42 días.	
	Poliglactina 910 (Vicryl)	Fácil de manejar, nudos bien afianzados. Resistencia a la tracción superior a la del ácido poliglicólico, conserva el 60 % de resistencia a las dos semanas. Se absorbe en 60-90 días. Biocompatible, poca reacción tisular.	Sutura de tejidos profundos. También se puede utilizar para el cierre percutáneo.
	Vicryl Rapide	La ionización con radiación gamma acelera su absorción, que se produce a los 35 días.	Para heridas orales; su rápida absorción reduce al mínimo la irritación.
	Vicryl recubierto	El recubrimiento de triclosán proporciona actividad antibacteriana.	Heridas con mayor riesgo de infección.

Type de Matériel	Matériel	Caractéristiques Principales	Applications
Absorbible	Polidioxanona (PDS)	Menor resistencia a la tracción que el Vicryl y el ácido poliglicólico, pero dura más y conserva casi el 75 % de resistencia a las dos semanas. Rígido y difícil de manejar. Muy poca reacción del tejido.	Útil en heridas que requieren un soporte dérmico prolongado, lo que minimiza la separación de las cicatrices.
	Poliglecaprona (Monocryl)	Máxima resistencia a la tracción, que disminuye rápidamente a solo un 30 % el día 14. Flexible, fácil de manejar, nudos bien afianzados.	Útil como sutura enterrada donde no se necesita soporte dérmico.
	Monocryl recubierto	El recubrimiento de triclosán proporciona acción antibacteriana.	Zonas más propensas a la infección
No Absorbible	Seda	Excelente manejo, nudos muy afianzados. Poca resistencia a la tracción. Alta reactividad tisular.	Fijación de drenajes. Sutura temporal para elevar o retraer los tejidos durante la cirugía.
	Nailon	Alta resistencia a la tracción que se reduce ligeramente con el tiempo. Se absorbe gradualmente en varios años. Rígido, difícil de manejar, puede provocar traumatismos en tejidos frágiles. Nudos poco afianzados. Poca reactividad tisular.	Suturas cutáneas. Suturas enterradas que requieren un soporte dérmico prolongado.

Type de Matériel	Matériel	Caractéristiques Principales	Applications
No Absorbible	Polipropileno (Prolene)	Menor resistencia a la tracción que el nailon. Reactividad tisular sumamente baja. No se reabsorbe nada con el tiempo. Material rígido, mala manipulación y afianzamiento del nudo. Bajo coeficiente de fricción. Alta plasticidad y puede adaptarse a la inflamación.	Suturas cutáneas. Zonas donde se prevé más inflamación. Suturas enterradas que necesitan soporte dérmico a largo plazo.

INSTRUMENTOS MANUALES

La aguja y el material de sutura deben controlarse y manipularse con ciertos instrumentos para colocarlos y retirarlos del tejido. Los instrumentos más básicos necesarios para la sutura incluyen el portagujas, pinzas para tejido y tijeras.

Portagujas

Este instrumento se utiliza para sujetar la aguja durante la sutura. También ayuda a la colocación del nudo en ciertas técnicas. El instrumento consta de una palanca de bloqueo y un pico corto y romo. Es fácil confundir este instrumento con una pinza hemostática (o pinza para arterias), que también lleva una palanca de bloqueo. Sin embargo, el portagujas tiene un pico más corto. La cara interna del portagujas tiene tramas en cruz y una ranura longitudinal en el centro, lo que permite un agarre seguro de la aguja. Por otro lado, la pinza hemostática tiene ranuras horizontales paralelas que no permiten agarrar bien la aguja. El mango del portagujas puede ser corto o largo. Los mangos largos son útiles para suturar en profundidad. Los mangos cortos son útiles cuando se requiere sutura fina y delicada.

Para sujetar correctamente el portagujas, siga los pasos que se indican a continuación:

1. Introduzca el pulgar y el dedo anular de su mano dominante en los orificios del portagujas. No introduzca todo el dedo; sólo las falanges distales deben permanecer dentro del orificio.
2. El dedo índice se puede utilizar para estabilizar el portagujas colocándolo sobre la articulación. Al hacer esto, el dedo índice puede controlar la dirección de movimiento del portagujas.
3. Sujete la aguja dentro de los picos del portagujas de manera que quede a un tercio de la distancia del ojo y dos tercios de la punta. La aguja debe mantenerse perpendicular a los picos.
4. Una vez que haya agarrado la aguja, presione el bloqueo automático del mango para asegurarla.
5. La aguja debe retirarse del soporte antes de hacer el nudo.

Otro método para sujetar el portagujas es "palmear". En este método, el dedo pulgar y el anular no se introducen en los orificios del portagujas. En cambio, el pulgar descansa sobre el eje del instrumento en un lado, y el dedo anular, junto con los dedos medio y meñique, envuelven el eje del instrumento por el otro lado. La eminencia tenar se utiliza para controlar el mecanismo de bloqueo automático del portagujas.

Pinzas Para Tejido

Las pinzas para tejido también se conocen como "pickups" (recogida). Se utilizan para sujetar o estabilizar los bordes de la herida mientras se sutura. Si bien existen muchos tipos diferentes de pinzas para tejido, las pinzas de Adson se utilizan con mayor frecuencia para suturar. Las pinzas pueden tener o no dientes pequeños en las puntas. Las pinzas dentadas sirven para agarrar mejor, pero al mismo tiempo pueden provocar traumatismos en tejidos delicados. En general, las pinzas dentadas deben usarse para tejidos duros como la fascia o la piel, mientras que las pinzas no dentadas deben usarse para tejidos más delicados como los intestinos y los vasos sanguíneos. Las pinzas para tejido se deben sujetar entre el pulgar y los dedos índice y medio, de forma similar a como se sujeta un bolígrafo. Los tejidos deben "sujetarse" con suavidad. Nunca aplaste los tejidos.

Tijeras

Se necesitan tijeras para cortar las suturas después de colocar el nudo. Lo ideal es que las tijeras para cortar suturas tengan puntas cortas y mangos largos. Las tijeras deben sujetarse de manera similar al portagujas, introduciendo el pulgar y el anular en los orificios del mango y usando el dedo índice para mantener la estabilidad. El dedo índice de la mano opuesta se puede utilizar como apoyo si es necesario cortar suturas en profundidad. Recuerde cortar siempre con las puntas de las tijeras en lugar de con el extremo plano de la hoja. Esto da más precisión y puede evitar traumatismos innecesarios a los tejidos.

Mantenimiento de La Esterilidad de Los Materiales

Todos los materiales e instrumentos que se utilizan para suturar deben mantenerse en condiciones estériles, y la sutura debe realizarse en condiciones asépticas para evitar la contaminación de la herida. Los diferentes componentes de los materiales se pueden esterilizar por diferentes medios.

- Materiales de sutura y agujas: Las agujas curvas y los materiales generalmente se presentan en envases estériles. El método utilizado suele ser la esterilización con óxido de etileno, y observará que cada paquete de sutura lleva una etiqueta que confirma que el material está esterilizado con OE. Las agujas de ojo y los materiales de sutura continua, como la seda, deben enhebrarse antes de la esterilización. A continuación, suelen esterilizarse en autoclave. Tenga en cuenta que el autoclave repetido puede afectar a la integridad estructural de los materiales de sutura.
- Instrumentos: Los instrumentos utilizados en la sutura, a saber, el portagujas, las pinzas dentadas y las tijeras, también suelen esterilizarse en un autoclave. El juego de suturas debe empaquetarse por separado o como parte del juego quirúrgico antes de esterilizarlo en autoclave.

Todos los materiales e instrumentos estériles deben manipularse solo con las manos en guantes estériles. Cuando el personal de enfermería de la planta dispensa material de sutura estéril, debe despegar la cubierta exterior no esterilizada con cuidado y dejarlo caer sobre la mesa de instrumentos.

Bibliografía:

1. Moy RL, Lee A, Zalka A. Commonly used suture materials in skin surgery. Am Fam Physician. 1991 Dec 1;44(6):2123-8.
2. Chu CC. Classification and general characteristics of suture materials. Wound Closure Biomaterials and Devices. 1997;49.
3. Nelson, WJ. Guide to Suturing: Section IIB Instrumentation. Journal of Oral and Maxillofacial Surgery. 2015;73(8):6-16.

AUTOEVALUACIÓN

1. ¿Cuál de los siguientes tamaños de material de sutura es útil en microcirugía?
   a. 2-0
   b. 4-0
   c. 6-0
   d. 10-0

2. ¿Cuál de los siguientes tipos de agujas es adecuado para tejidos delicados y frágiles?
   a. Corte
   b. Corte inverso
   c. Cono de cuerpo redondo
   d. Punta roma de cuerpo redondo

3. ¿Cuál de las siguientes opciones no mejora las características de manipulación del material de sutura?
   a. Alto coeficiente de fricción
   b. Bajo coeficiente de fricción
   c. Maleabilidad
   d. Flexibilidad

4. ¿Cuál de las siguientes propiedades debe poseer un material para evitar que las suturas se aflojen?
   a. Plasticidad
   b. Elasticidad
   c. Memoria
   d. Maleabilidad

5. ¿Cuál de los siguientes materiales de sutura no es adecuado cuando se requiere un soporte dérmico prolongado?
   a. Nailon
   b. Polipropileno
   c. Poliglecaprona
   d. Polidioxanona

6. ¿Cuál de los siguientes materiales de sutura es adecuado en zonas propensas a la inflamación?
   a. Nailon
   b. Polipropileno
   c. Polidioxanona
   d. Poliglactina

7. ¿Cuál de los siguientes materiales es propenso a causar reacciones inflamatorias?
   a. Polidioxanona
   b. Catgut (hilo de sutura)
   c. Nailon
   d. Ácido poliglicólico

8. ¿Qué antimicrobiano se usa en la poliglactina recubierta?
   a. Clorhexidina
   b. Penicilina
   c. Metronidazol
   d. Triclosán

9. ¿Cuál de los siguientes es el método correcto para colocar la aguja en el portagujas?
   a. En el ojo
   b. Un tercio de distancia del ojo
   c. La mitad de la distancia del ojo
   d. Dos tercios de distancia del ojo

10. ¿Cuál de los siguientes materiales de sutura tarda más tiempo en absorberse?
    a. Catgut (hilo de sutura)
    b. Ácido poliglicólico
    c. Poliglactina
    d. Polidioxanona

CAPÍTULO 2

Propósito y Principios Básicos de la Sutura

Si bien la sutura es una técnica quirúrgica útil y comúnmente utilizada, es importante saber cuándo se necesitan exactamente las suturas y cuándo se pueden evitar. Este capítulo abarca las indicaciones y los objetivos de la sutura, y describe los principios básicos que deben seguirse durante la colocación de cualquier tipo de sutura.

Objetivos De La Sutura:

- Aproximar dos bordes de la herida para que permanezcan en contacto entre sí y faciliten la cicatrización primaria.
- Sostener la herida y darle resistencia a la tracción hasta que la herida desarrolle su propia resistencia a la tracción inherente mediante el proceso de cicatrización.
- Eliminar cualquier espacio muerto entre las capas de la herida.
- Reducir al mínimo el riesgo de hemorragia.
- Reducir al mínimo el riesgo de infección.

Indicaciones Para La Colocación De Suturas

- Cerrar heridas a menos que esté contraindicado.
- Fijar los colgajos en la zona receptora.
- Reparar defectos congénitos como el labio leporino.
- Ligar y traspasar los vasos sanguíneos con el fin de lograr la hemostasia.
- Unir dos vasos sanguíneos, con el propósito de dirigir el flujo sanguíneo a una nueva localización anatómica.

- Reparar nervios y tendones seccionados.
- Fijar drenajes, sondas de traqueostomía, nasogástricas y de gastrostomía.
- Retraer los tejidos para mejorar el acceso y la visibilidad.

Contraindicaciones Para Las Suturas

- Cuando la herida es superficial y no se abre.
- Heridas en superficies cóncavas, como el pliegue alar nasal y el surco preauricular.
- Las heridas infectadas no deben suturarse salvo que se haya controlado la infección.

Principios Básicos De La Suturación

Independientemente del propósito de la sutura, a la hora de colocar una sutura se deben seguir ciertos principios básicos. Mientras aprende a suturar por primera vez como estudiante, se presta mucha atención a estos principios con el fin de colocar una sutura segura. Con el tiempo, estos se convierten en una segunda naturaleza para la mayoría de nosotros.

Principios de uso del material:

- Antes de suturar, asegúrese de que la aguja y el material de sutura se mantienen correctamente.
- Sujete el portagujas con la mano dominante, como se describe en el capítulo anterior, entre el pulgar y el anular.
- Coloque la aguja en las mordazas del portagujas en ángulo recto, tanto vertical como horizontalmente.
- La aguja debe sujetarse de manera que se encuentre en el portagujas en un punto que esté a un tercio de la distancia del extremo (u ojo), y a dos tercios de la punta.
- Sujete las pinzas para tejidos con la mano no dominante, sujetándolas como un bolígrafo.

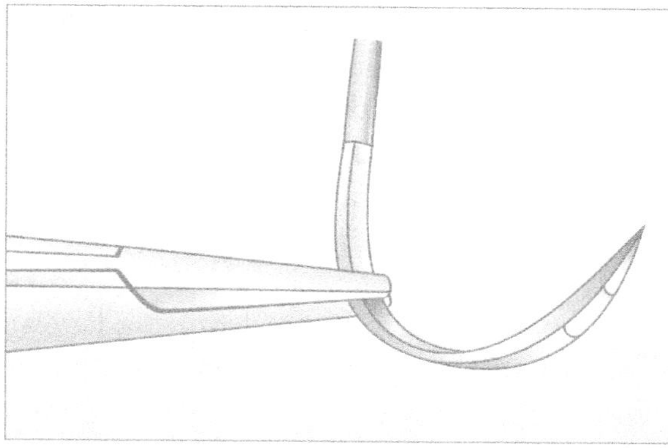

Principios de la toma de una 'mordedura'

El proceso de introducir la aguja en el tejido y retirarla se denomina "mordedura". Para hacerlo correctamente, siga los principios que se indican a continuación.

- Utilice las pinzas para tejido para recoger el primer borde de la herida, y dele la vuelta suavemente. Esto le permitirá visualizar la aguja cuando salga por el lado opuesto.
- Use la aguja para perforar el tejido en un lado de la herida. La distancia ideal para penetrar en el tejido es de unos 5 mm desde el borde de la herida.
- La aguja debe entrar en el tejido en ángulo recto con la superficie de la herida. Esto le permite penetrar mejor en la herida, y de una manera atraumática.
- Una vez la aguja ha entrado, debe empujarla más hacia adentro del tejido. Al hacerlo, intente empujarla siguiendo la curvatura natural de la aguja. Esto es atraumático y también proporciona la menor resistencia del tejido.
- Verá la aguja salir por el lado interior del tejido. Sujete el portagujas por el extremo "de entrada" de la aguja y utilícelo para sujetar el extremo "emergente" de la aguja.
- Tire de la aguja, con el material de sutura unido fuera del borde interno de la herida, siguiendo de nuevo la curvatura natural de la aguja.
- Ahora la mordedura debe tomarse a través del segundo borde de la herida. Tome la mordedura del borde interno del segundo lado (esto puede variar dependiendo de la técnica elegida).

- Siga los mismos principios indicados anteriormente para entrar y salir del segundo borde de la herida.
- Recuerde que la distancia de las mordeduras tomadas a ambos lados de la herida debe ser la misma. Por lo tanto, si la primera mordedura se tomó a 5 mm del borde de la herida, la segunda mordedura también debe tener una salida que esté a 5 mm del borde de la herida.
- Nunca intente tomar ambas mordeduras a la vez. Tomar cada mordedura por separado mejora la precisión y ahorra tiempo a largo plazo.
- Del mismo modo, la profundidad de la mordedura debe ser igual en ambos lados. Si la primera mordedura se toma a través de la piel y el tejido subcutáneo, la segunda mordedura debe tomarse del tejido subcutáneo a la misma profundidad, a través de la piel. Sin embargo, hay ciertas excepciones a este principio. Por ejemplo, la técnica conocida como técnica de sutura dérmica-subdérmica implica suturar dos capas diferentes y, por lo tanto, diferentes profundidades de mordedura.
- Por lo general, las suturas se colocan desde el borde que está al otro lado de usted hasta el borde de su lado. También se pueden colocar desde su lado dominante hasta su lado no dominante. Estos métodos son los más cómodos durante la sutura. Sin embargo, se deben tener en cuenta las siguientes normas a la hora de tomar mordeduras:
    - Suture siempre desde los tejidos móviles a los tejidos fijos.
    - Sutura de tejidos más finos a tejidos más gruesos.
    - Sutura de tejidos más profundos a tejidos más superficiales.

Principios para colocar el nudo

El proceso real de atado de nudos tiene su conjunto propio de principios, que se describirá en un capítulo posterior. Sin embargo, hay que tener en cuenta ciertos principios durante esta fase de la sutura.

- Una vez la aguja haya salido del segundo borde de la herida, tire del material de sutura fuera del segundo borde de la herida, hasta que solo quede una pequeña trozo de material en el punto de entrada en el primer borde.

- Desenganche el portagujas. Poniendo a un lado las pinzas para tejido, recoja el extremo largo del material de sutura con su mano no dominante.
- Los nudos se pueden hacer a mano o con el portagujas. Si va a utilizar el portagujas, sujételo con la mano dominante y manténgalo paralelo al margen de la herida.
- Coloque el nudo siguiendo la técnica deseada. En el siguiente capítulo se describen las técnicas de colocación de nudos.
- Los nudos deben estar lo suficientemente apretados como para proporcionar una seguridad adecuada de la sutura y aproximar los bordes de la herida.
- Sin embargo, el nudo no debe estar tan apretado como para provocar el estrangulamiento de la herida o interrumpir el suministro de sangre.
- El nudo nunca debe estar directamente sobre la herida, ya que eso puede interferir con la cicatrización de la herida. Debe estar en un lado de la herida. Si se van a colocar varios nudos, como es el caso de las suturas interrumpidas, lo mejor es colocar todos los nudos en el mismo lado de la línea de sutura.

Principios para cortar la sutura

- Asegúrese de que las tijeras utilizadas para el corte de sutura estén afiladas. Las tijeras romas pueden provocar el deshilachado del material de sutura, disminuyendo su integridad para la siguiente sutura.
- Corte uno o ambos extremos de la sutura según lo desee de acuerdo con la técnica. Para las suturas continuas, solo se debe cortar el extremo corto, mientras que para las suturas interrumpidas, se cortan ambos extremos.
- Para suturas enterradas colocadas con material absorbible, corte las suturas lo más cerca posible del nudo. Sin embargo, no corte directamente en el nudo, ya que esto puede provocar accidentalmente la rotura del nudo y comprometer toda la sutura.
- Para suturas superficiales que se colocan con suturas no absorbibles, no corte el nudo demasiado corto. Lo ideal es dejar al menos 5 mm de material. Esto se hace para facilitar la sujeción y levantamiento del material durante la retirada de la sutura.

Bibliografía

1. Moy RL, Waldman B, Hein DW. A review of sutures and suturing techniques. The Journal of dermatologic surgery and oncology. 1992 Sep;18(9):785-95.
2. Brandt MT, Jenkins WS. Suturing principles for the dentoalveolar surgeon. Dental Clinics. 2012 Jan 1;56(1):281-303.
3. Clark A. Understanding the principles of suturing minor skin lesions. Nursing Standard. 2004;16(1):33-6.

AUTOEVALUACIÓN

1. ¿En qué punto debe sujetarse la aguja en el portagujas?
   a. 2/3 de distancia del ojo
   b. 2/3 de distancia del extremo
   c. La mitad de la distancia del ojo y el extremo
   d. 1/3 de distancia del ojo

2. ¿En cuál de las siguientes situaciones está contraindicada la sutura?
   a. Reparación de labio leporino
   b. Cierre de heridas en el surco alar nasal
   c. Fijación de drenajes
   d. Reparación de nervios

3. ¿Cuál de los siguientes es el método de sutura correcto?
   a. Fijado al tejido móvil
   b. Tejido superficial a profundo
   c. Tejido móvil a fijo
   d. Tejido grueso a fino

4. ¿Cuál es la distancia ideal para tomar una mordedura del borde de la herida?
    a. 2 mm
    b. 5 mm
    c. 10 mm
    d. 3 mm

5. ¿Cómo debe entrar y salir la aguja de sutura del tejido?
    a. En una línea recta única
    b. A lo largo de la curvatura de la aguja
    c. A lo largo del contorno de la herida
    d. En paralelo a la herida

CAPÍTULO 3

Nudos Quirúrgicos

Los nudos se atan al final de cada técnica de sutura, con el fin de fijar la sutura en su sitio. Algunos médicos describen el nudo como el eslabón "más débil". Por lo tanto, se deduce que la integridad de toda la sutura depende de la integridad del nudo. Un nudo que no está seguro puede tener consecuencias devastadoras, desde la ruptura espontánea del tejido hasta una hemorragia grave por el deslizamiento de una ligadura.

Antes de entrar en los diversos tipos de técnicas de sutura, el estudiante debe ser diestro en atar diferentes tipos de nudos. Los nudos pueden atarse a mano o utilizando un instrumento. Los nudos simples se pueden hacer con ambas manos o con una sola mano.

ANATOMÍA DEL NUDO

Independientemente del método utilizado, cada nudo está formado básicamente por dos tipos de lazos. El primer lazo se llama lazo de aproximación. La integridad de la sutura se basa en este lazo. Este lazo debe colocarse de manera que, al apretarlo, se aproximan los dos bordes de la herida. Todos los lazos adicionales se denominan lazos de fijación.. Proporcionan más seguridad al lazo.

PROPIEDADES DEL NUDO IDEAL

El nudo ideal debe poseer las dos características siguientes:

- **Seguridad del lazo:** Se refiere a la capacidad de mantener la tensión en el futuro mientras se está atando el nudo. La seguridad del lazo solo se ve afectada por la técnica de atado del nudo. Los nudos mal atados pueden estar flojos y el lazo puede ser poco seguro. Para lograr la máxima seguridad del lazo, el material de sutura debe mantenerse apretado entre cada paso.
- **Seguridad del nudo:** Se refiere a la integridad del nudo final. Varios factores afectan a la seguridad del nudo. Son los siguientes:
    - Configuración Estructural del Nudo: El nudo cuadrado, que incluye pasos en direcciones opuestas, es más seguro que el nudo de la abuela, que incluye pasos en la misma dirección.
    - Tipo de material de sutura: Los materiales de sutura de baja "memoria" y coeficiente de fricción suelen tener nudos más seguros. La memoria se refiere a la tendencia de los materiales de sutura a volver a su forma original. Si un material tiene un alto coeficiente de fricción, la integridad del material y, por lo tanto, la seguridad del nudo pueden verse comprometidas.
    - Longitud del extremo de la sutura: Después de atar, debe dejarse una longitud del extremo de la sutura de al menos 3 mm para optimizar la seguridad del nudo.
    - Número de pasos: Ciertos materiales requieren más pasos para asegurarlos. Para materiales como el nailon, la polidioxanona y la poliglactina, se recomiendan al menos de tres a cinco pasos para una seguridad óptima del nudo. Las suturas continuas también deben asegurarse con más pasos.
    - Entorno de la herida: Un entorno graso puede comprometer la seguridad de los nudos, y esto debe contrarrestarse con un mayor número de pasos.
    - Diámetro de sutura: La seguridad de los nudos aumenta al incrementar el diámetro de la sutura.

PRINCIPIOS DE ATADO DE NUDOS

Con todas las técnicas de atado de nudos, se deben seguir ciertos principios básicos. Se describen a continuación:

- Elija el nudo más simple indicado según las circunstancias. Un nudo correctamente atado se mantendrá seguro independientemente del tipo.
- Evite el movimiento de "aserrado" durante el atado de nudos. Este provoca una fricción innecesaria entre los hilos del material, pudiendo debilitar su integridad y haciendo que se rompa.
- Evite aplastar el material con el portagujas o las pinzas de sujeción del tejido, lo que podría provocar un debilitamiento del material. Sólo los extremos libres deben agarrarse utilizando instrumentos. Evite la tensión excesiva y tirar del material. Esto puede causar de nuevo que el material se rompa.
- Después del primer paso o el primer lazo, mantenga una tracción firme en el extremo libre del material. Esto asegurará que el nudo se apriete.
- Durante el último paso, tire de los extremos libres en dirección horizontal para permitir que el nudo se apriete.
- Durante cada paso, tire de ambos extremos libres en direcciones opuestas, generalmente un extremo hacia usted y el otro hacia el otro lado. Esta dirección siempre debe invertirse en el paso posterior. Cuando esté tirando de ambos extremos, trate de mantener una velocidad y tensión uniformes en cada extremo.
- El nudo final debe ser lo más pequeño posible. Se deben usar pasos adicionales cuando esté indicado para aumentar la seguridad del nudo. Por otro lado, hay más posibilidades de una reacción de cuerpo extraño si el nudo es demasiado voluminoso. Los nudos voluminosos colocados en capas más profundas también pueden interferir con el cierre de capas más superficiales.
- Sobre todo, una vez colocado el nudo final, se debe asegurar que el nudo no se deslice. Si el nudo no parece estar seguro, es mejor rehacerlo en lugar de correr el riesgo de apertura espontánea de los bordes de la herida o deslizamiento de la ligadura durante el posoperatorio.

TIPOS DE NUDOS

Hay varios métodos diferentes para atar un nudo. El estudiante que aprende el arte de suturar debe convertirse en un profesional en todos estos tipos, y debe aprender a aplicar el tipo correcto de nudo en cada situación. En la sección siguiente se describen minuciosamente los diversos pasos que se siguen para cada tipo de nudo quirúrgico.

Nudo Cuadrado

El nudo cuadrado es un nudo robusto y resistente que es el más utilizado por todos los cirujanos. Generalmente se hace manualmente, y, cuando se utiliza un instrumento, se denomina habitualmente nudo de rizo.

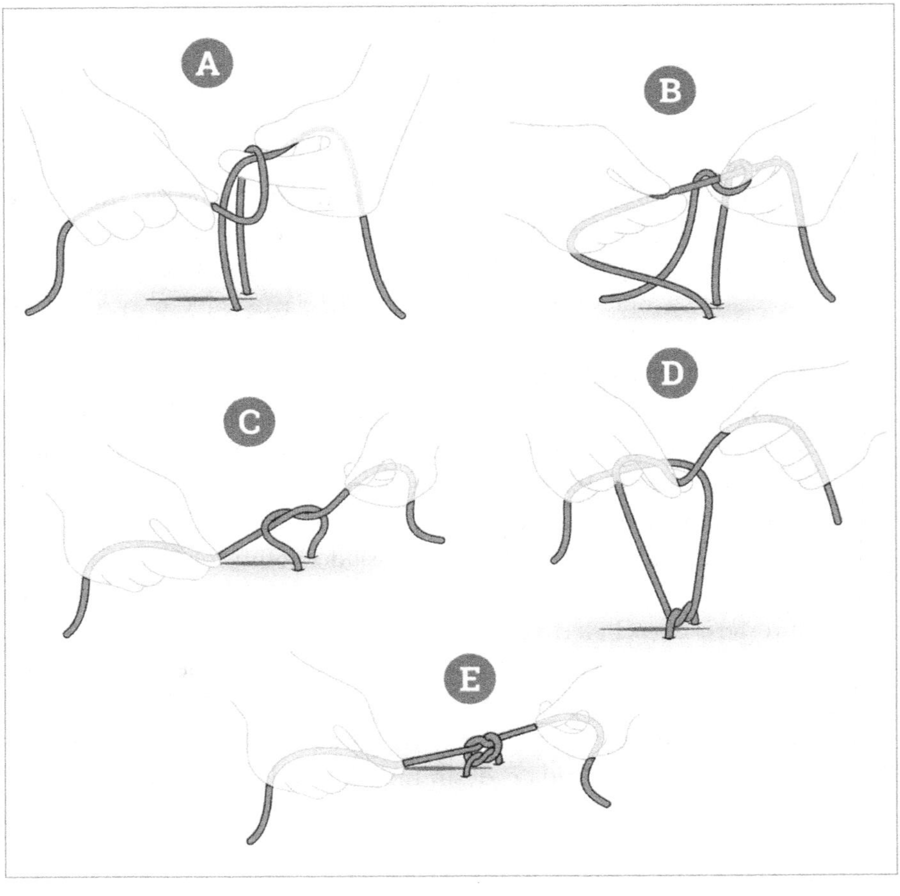

1. Pase el material de sutura por debajo del vaso sanguíneo.
2. Sujete el material con ambas manos. Mantenga la mano izquierda alejada del cuerpo y la mano derecha cerca del cuerpo.
3. Pellizque el material entre el pulgar y el dedo índice de la mano izquierda. El extremo más largo del material debe girar alrededor del dedo índice, ir por debajo del vaso, y el otro extremo debe pellizcarse entre el pulgar y el índice de la mano derecha. **Fig. A: Primer paso.**
4. Cruce el material que sostiene en la mano derecha sobre el dedo índice de la mano izquierda. Ahora debe sujetarse este material entre el pulgar y el dedo índice de la mano izquierda, y liberarse con la mano derecha. Se formará un lazo, que se mantendrá apretado con el dedo índice izquierdo.
5. Use la mano derecha para empujar el material (que acaba de transferir) por detrás del dedo índice izquierdo, a través del lazo hacia adelante y hacia afuera. **Fig. B: Poniendo a un lado el primer lazo.**
6. Con la mano derecha, retire el material del lazo y aléjelo de usted. Tire del otro extremo hacia usted. Esto completa el primer medio nudo del nudo cuadrado. **Fig. C: Apretando el primer nudo.**
7. Para el segundo medio nudo, pase el material que sostiene con la mano derecha sobre el pulgar izquierdo y por debajo de él. **Fig. D: Segundo paso.**
8. Retire el pulgar y tire de los extremos libres con fuerza, con la mano izquierda hacia el otro lado, y la mano derecha hacia su lado. **Fig. E: Nudo final.**

Los estudiantes deben practicar ampliamente este nudo. El atado incorrecto del nudo puede hacer que se convierta en un nudo de abuela (descrito en una sección siguiente). Esto no es deseable porque es mucho menos estable y tiene tendencia a deslizarse. Otro inconveniente de este nudo es que incluso el mismo técnico tiende a atar el nudo usando diferentes grados de tensión. Por lo tanto, si un cirujano sin experiencia coloca dos nudos cuadrados adyacentes entre sí, la herida puede desprenderse ligeramente debido a los diferentes grados de tensión en los dos nudos cuadrados.

Nudo De Cirujano

El nudo de cirujano se usa con más frecuencia cuando las heridas se cierran bajo tensión. Este nudo implica más pasos o lazos, que ofrecen mayor seguridad al nudo y evitan el deslizamiento.

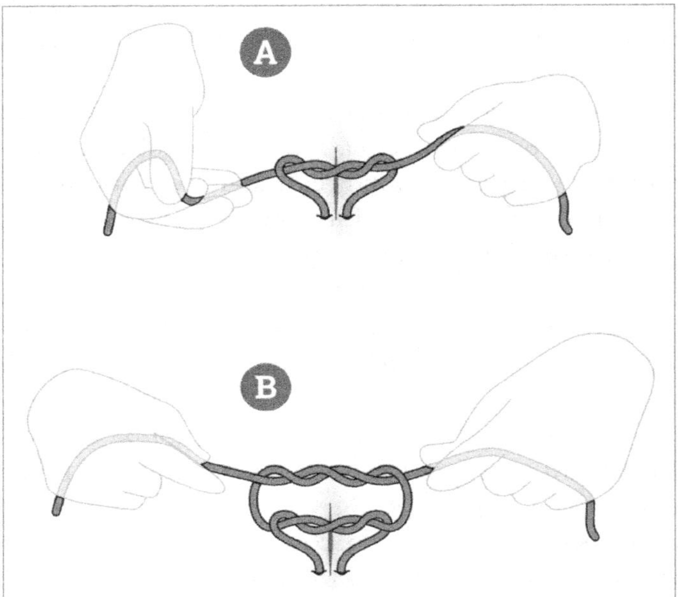

1. Pase el material de sutura por debajo del vaso sanguíneo.
2. Sujete el material entre ambas manos, con la mano derecha hacia su lado y la mano izquierda hacia el otro lado. Pellizque el material entre el pulgar y el índice de ambas manos.
3. Coloque el material que sostiene con la mano derecha sobre el dedo índice de la izquierda y tire del extremo libre debajo del material estirado entre ambas manos.
4. Repita el proceso de girar alrededor del dedo índice y tire del material libre una vez más.
5. Apriete el nudo tirando con la mano izquierda hacia usted y con la mano derecha hacia el otro lado. Esto completa el primer paso. **Fig. A: Primer paso.**
6. Para el siguiente paso, pase el material que sostiene con la mano derecha por encima del pulgar izquierdo y use el pulgar para empujar el extremo libre hacia el lado contrario a usted.

7. Repita el proceso de girar sobre el pulgar y empujar el material.
8. Coja el extremo libre con la mano derecha y apriételo, tirando de la mano derecha hacia su lado y de la mano izquierda hacia el otro lado. Esto completa el segundo paso. **Fig. B: Segundo paso.**

Si una herida se puede aproximar usando un nudo cuadrado, no se debe usar el nudo de un cirujano. Esto se debe a que este nudo es más voluminoso que un nudo cuadrado y, por lo tanto, hay más posibilidades de atrapamiento de cuerpos extraños y reacciones tisulares. Solo si los bordes de la herida no se aproximan usando un nudo cuadrado, el técnico debe valorar el uso de un nudo de cirujano.

Nudo De La Abuela

El nudo de la abuela no se usa habitualmente para el cierre de heridas porque tiene tendencia a deslizarse y puede no ser lo suficientemente seguro. Rara vez se utiliza, cuando se desea manipular la tensión del nudo.

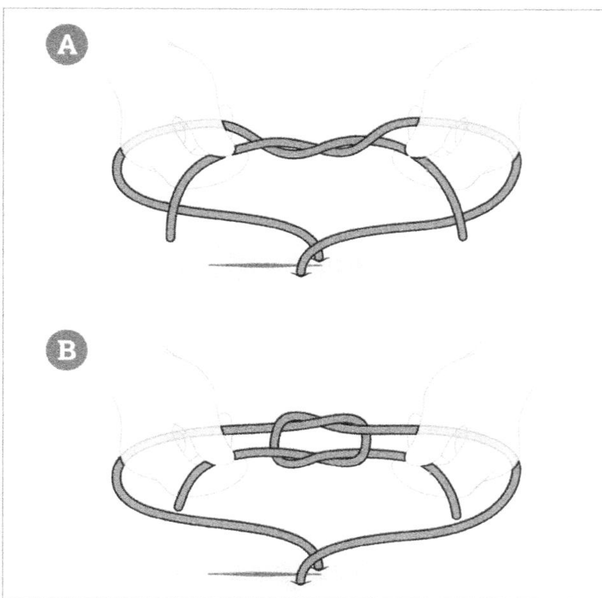

1. Pase el material de sutura por debajo del vaso.
2. Sostenga una pequeña longitud de material en cada mano y acerque las manos.

3. Cruce el material de la mano izquierda sobre el de la mano derecha.
4. Empuje el material de la mano izquierda por debajo del material de la mano derecha, y llévelo hacia usted y sobre el material de la mano derecha una vez más. **Fig. A: Primer paso.**
5. Cruce el material de la mano izquierda sobre la derecha otra vez, y páselo debajo, hacia usted, y sobre el material de la mano derecha otra vez. **Fig. B: Segundo paso.**
6. Tire de ambos extremos del material apretado, en dirección horizontal uno del otro.

Nudo Corredizo

El nudo corredizo es útil cuando el cirujano tiene que controlar la tensión bajo la cual se cierra la herida. El nudo corredizo permite apretar o aflojar la atadura, según se desee.

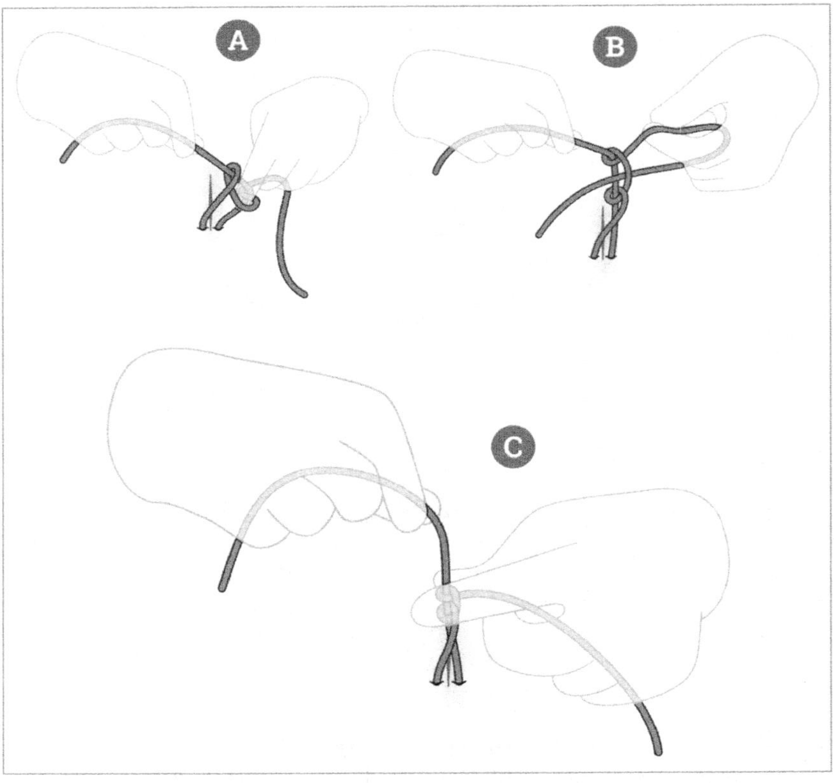

1. Pase el material de sutura por debajo del vaso.
2. Debe mantener la mano derecha cerca de usted y usarla para sostener una pequeña longitud de material entre el pulgar y el dedo índice.
3. Con la mano izquierda, que está al otro lado de usted, debe sostener una longitud más larga de material entre el pulgar y el dedo medio, hacia lado contrario a usted.
4. Asomando el dedo índice de la mano izquierda, pase el material de la mano derecha alrededor del dedo índice izquierdo y enganchelo. **Fig. A: Primer paso.**
5. Tire del material de la mano izquierda a través de este gancho y tire de él.
6. Repita el 'enganche' de nuevo y tire del nudo con fuerza. **Fig. B: Segundo paso.**
7. Notará que este nudo 'se desliza' fácilmente, y puede empujarse hacia abajo en el vaso sanguíneo con la mano izquierda, mientras sostiene el otro extremo apretado con la mano derecha. **Fig. C: Empujar el nudo hacia abajo.**
8. Por lo general, el nudo corredizo se termina aplicando a continuación dos nudos de rizo para mayor seguridad. Este es un paso importante, y no hacerlo puede llevar a que la herida se degrade posteriormente. Esto se describe en la siguiente sección.

Tanto el nudo de la abuela como el nudo corredizo son útiles para cavidades corporales más profundas. En estos casos, el nudo se puede atar a un nivel superficial y luego se puede deslizar hacia abajo a la parte más profunda donde se necesite.

Nudo De Rizo

Como ya mencionamos, este nudo es similar al nudo cuadrado, pero se coloca utilizando un instrumento. Suele usarse en la mayoría de las técnicas de sutura para el cierre de heridas.

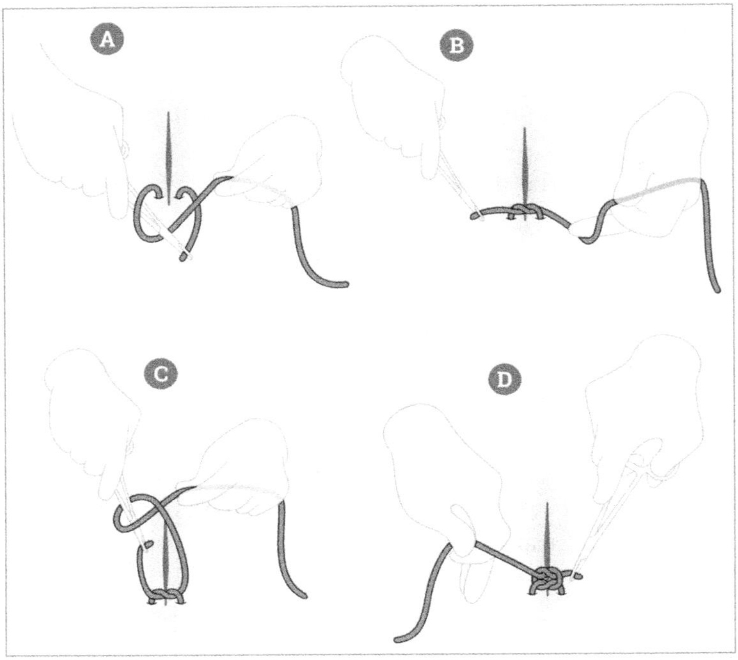

1. Pase el material de sutura por debajo del vaso sanguíneo de manera que una porción más larga esté cerca de usted y una porción más corta hacia el otro lado.
2. Sujete el portagujas con la mano derecha y agarre el extremo libre del material que está cerca de usted con la mano izquierda.
3. Pase el extremo largo sobre el portagujas una vez, en el sentido de las agujas del reloj. **Fig. A: Primer paso y sujeción.**
4. Con el portagujas, coja el otro extremo del material y tire de él con fuerza, llevando el extremo más corto hacia usted y alejando de usted el extremo más largo. **Fig. B: Tensado.**
5. Vuelva a colocar el extremo más largo del material sobre el portagujas, esta vez en sentido contrario a las agujas del reloj. **Fig. C: Segundo paso y sujeción.**

6. Sujete el extremo corto con el portagujas y tire de él con fuerza, alejándolo de usted, con el extremo largo moviéndose hacia usted. **Fig. D: Nudo final.**

Nudo De Miller

El nudo de Miller o su versión modificada (también llamado nudo de estrangulamiento), se utiliza en la ligadura de vasos sanguíneos y pedículos. Este nudo añade seguridad y es muy útil para atar pedículos más grandes. Esto se puede hacer con la mano o con un instrumento.

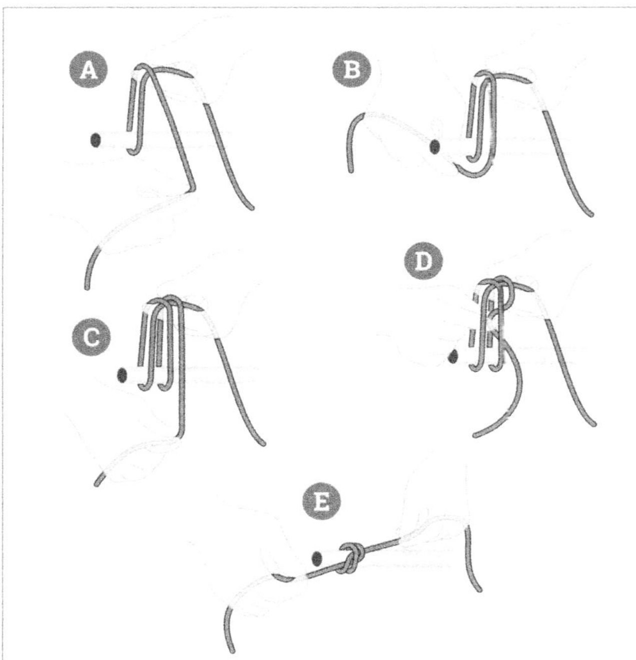

1. Pase el material de sutura por debajo del vaso, manteniendo la mano derecha cerca de usted y la mano izquierda hacia el otro lado.
2. Haga un lazo con el material con la mano derecha sobre el dedo índice izquierdo y pellízquelo. **Fig. A: Primer paso.**
3. Vuelva a colocar el extremo libre del mismo material alrededor del vaso, alrededor del dedo índice, y pellizque esto también, entre el pulgar y el dedo índice de la mano izquierda. **Fig. B: Agarre y tire. Fig. C: Segundo paso.**

4. Coja el portagujas y páselo a través del lazo, y utilizándolo, agarre el extremo libre. **Fig. D: Tirando del lazo.**
5. Tira de ello con fuerza, llevando la mano izquierda hacia usted y la mano derecha hacia el otro lado. **Fig. E: Apretado final.**
6. El nudo de Miller puede hacerse de otra manera similar **(MILLER 2)**. En esto, el material debe pasarse por debajo del vaso sanguíneo y sobre el dedo índice izquierdo tres veces, en lugar de dos veces. **Figs. A a D: Tres lazos.** Debe tirarse del extremo libre del material a través del lazo medio que sujeta con la mano izquierda, y luego agarrado con la mano derecha. **Fig. E: Tire a través del lazo medio.** Finalmente, tire con fuerza, alejando la mano derecha de usted y llevando la mano izquierda hacia usted. **Fig. F: Apretado final.**

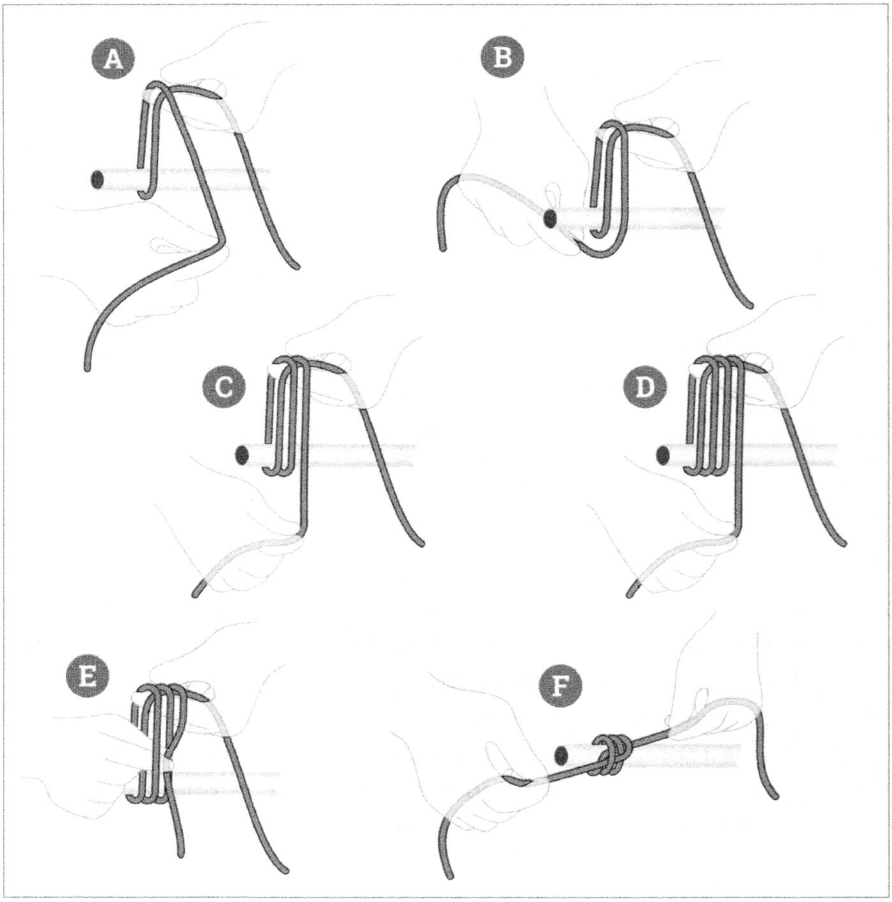

Nudo De Aberdeen

Este nudo se utiliza al final de las suturas continuas, utilizando el material suelto de la sección anterior como un lazo.

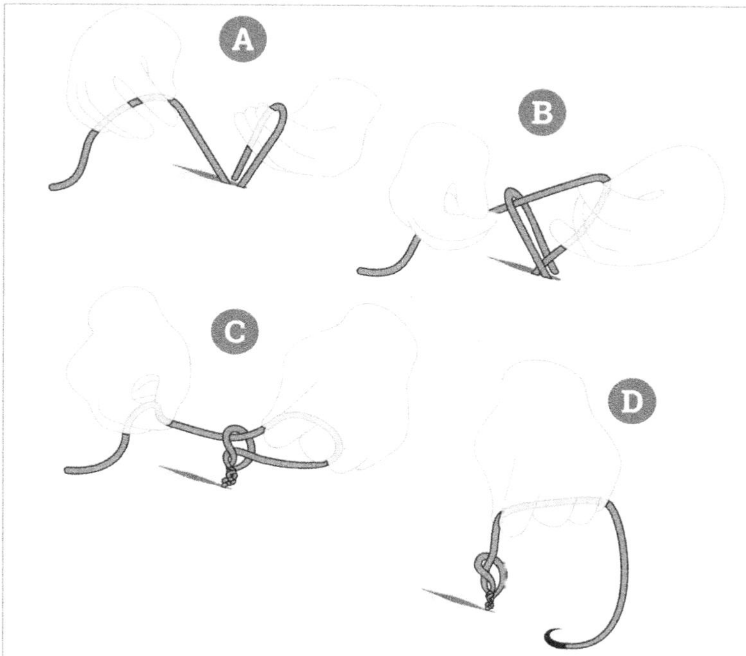

1. El lazo suelto de la sección anterior debe mantenerse en la mano izquierda, con el extremo largo del material de sutura que contiene la aguja en la mano derecha. **Fig. A: Sujete el lazo inicial con una mano.**
2. Usando los dedos de la mano izquierda, tire del extremo largo formando un lazo, y tire de él a través del lazo existente. **Fig. B: Creación del segundo lazo.**
3. El lazo anterior se asienta sobre la herida, y el nuevo lazo ahora se sostiene con la mano.
4. Repita el proceso al menos seis u ocho veces para obtener la máxima seguridad. **Fig. C: Después de colocar de seis a ocho lazos.**
5. Al final, tire de la aguja a través del lazo final y tire con fuerza. Puede cortarse el extremo libre. **Fig. D: Paso de la aguja a través del lazo final.**

El nudo de Aberdeen se ve favorecido al final de las suturas continuas porque permite al cirujano hacer múltiples pasos sin aumentar demasiado el volumen del nudo.

Nudo De Medio Barrilito

El nudo de medio barrilito es otro nudo que implica el uso de múltiples pasos, sin llevar a un nudo voluminoso.

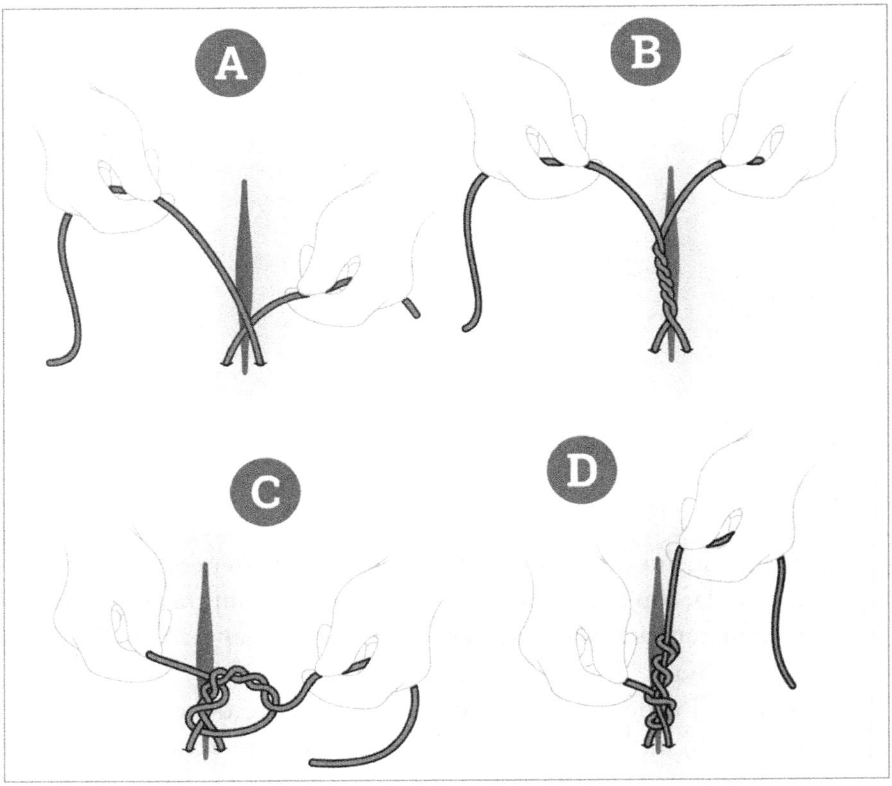

1. Pase el extremo libre del material de sutura a través del lazo formado por la sección anterior. **Fig. A: Lazo inicial.**
2. Sujete el extremo libre del material y envuélvalo sobre sí mismo de seis a ocho veces. **Fig. B: Seis a ocho giros.**
3. Pase el extremo libre del material de sutura en el lazo formado entre el lazo inicial y el primer paso.

4. Ahora pase el extremo libre del material de sutura al lazo formado por el paso anterior. **Fig. C: Paso a través del lazo inicial y el último.**
5. Tire del extremo libre para fijar el nudo en su sitio. **Fig. D: Tire para asegurar el nudo.**

Nudo De Avance

Este nudo es un ejemplo de un nudo autobloqueante. Añade seguridad y no se desliza.

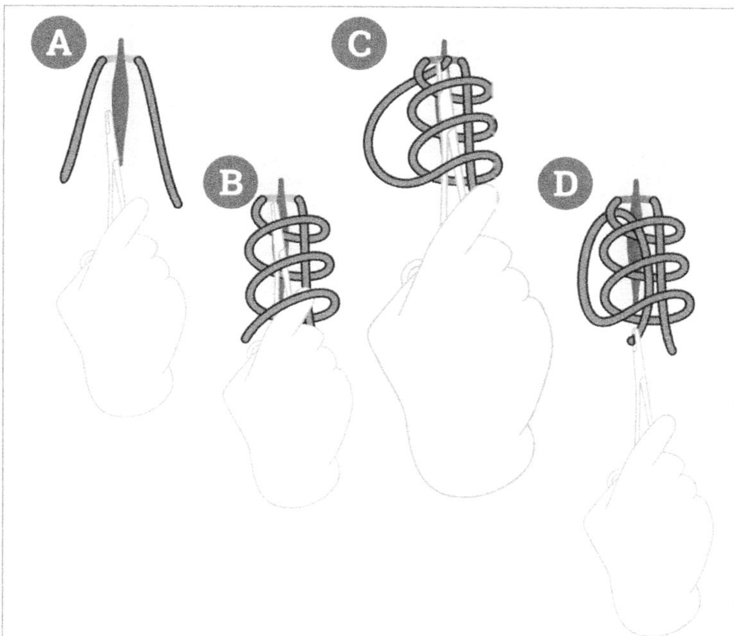

1. Para hacer este nudo, primero se toma una mordedura a través del tejido.
2. Coloque el portagujas adyacente al extremo más largo del material de sutura (el extremo que entra en el tejido). **Fig. A: Coloque el portagujas junto al extremo largo.**
3. Enrolle el extremo libre (el extremo que sale del tejido, que contiene la aguja) alrededor del extremo largo del material y del portagujas varias veces. **Fig. B: Enrolle el extremo libre alrededor del extremo largo y el portagujas.**

4. A continuación, coja el extremo libre del material (con la aguja) usando el portagujas. **Fig. C: Sujete el extremo libre.**
5. Tire del extremo libre con el portagujas apretado. El nudo se bloqueará y descansará sobre el tejido. **Fig. D: Tire fuerte.**

Nudo De Delimar

El nudo de Delimar se utiliza generalmente para intervenciones por endoscopia. Es especialmente útil durante la artroscopia. El nudo se ata siguiendo los pasos que se indican a continuación:

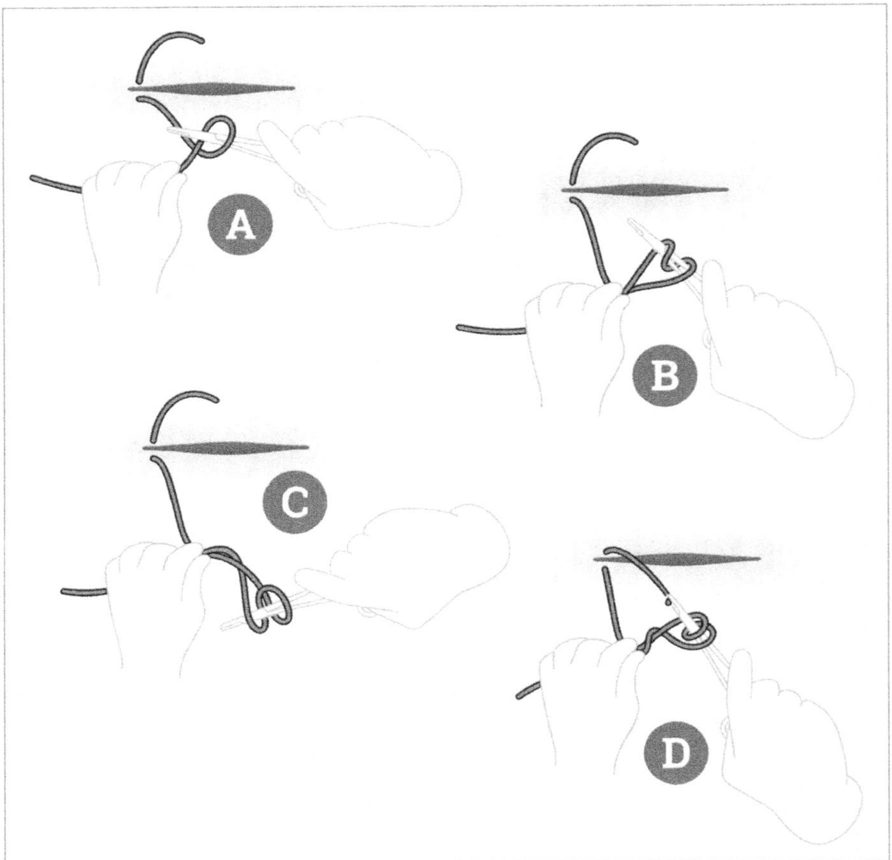

1. Sujete el portagujas con la mano derecha y haga un lazo utilizando el extremo largo del material adyacente a la aguja. **Fig. A: Extremo largo del lazo.**

2. Tome el extremo libre del material con la mano izquierda. Páselo por encima del lazo hecho en la sección anterior, y por debajo de la punta del portagujas. **Fig. B: Pase por encima del lazo anterior.**
3. Repita el proceso con dos lazadas más. **Fig. C: Giro adicional.**
4. Ahora agarre el extremo libre con el portagujas, tire a través de los lazos y apriete el nudo. **Fig. D: Agarre y tire del extremo libre.**

Nudo Constrictor

Este nudo se utiliza para la ligadura de los vasos sanguíneos, y se cree que el nudo es más seguro que el nudo de Miller. Este nudo se puede atar de la siguiente manera:

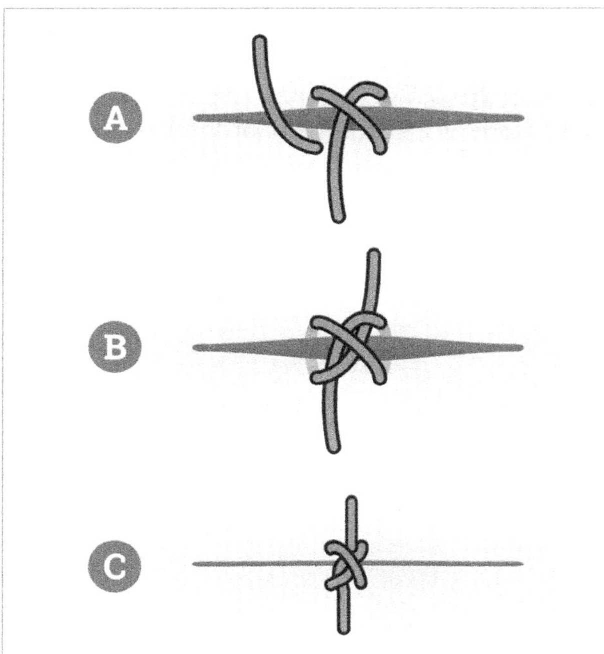

1. Pase el material de sutura por debajo del vaso sanguíneo que va a ligar, de modo que un extremo esté colocado hacia usted y el otro hacia el otro lado.
2. Doble el extremo colocado hacia usted por encima del vaso sanguíneo y hacia el otro lado. **Fig. A: Doble cerca del extremo de arriba y alrededor.**

3. Doble el extremo situado lejos de usted sobre el vaso sanguíneo hacia su lado, y luego por debajo del vaso hacia el otro lado, formando así un lazo. **Fig. B: Doble el extremo hacia abajo y por debajo del lazo.**
4. Introduzca el portagujas en este lazo.
5. Ahora gire el extremo libre del lazo por detrás del otro extremo libre del material y agárrelo con el portagujas.
6. Con el portagujas, apriete los extremos libres. **Fig. C: Tire fuerte.**

Bibliografía

1. Brown RP: Knotting technique and suture materials. Br J Surg 1992;79(5):399-340
2. Silver E, Wu R, Grady J, Song L. Knot Security- How is it Affected by Suture Technique, Material, Size, and Number of Throws? J Oral Maxillofac Surg 2016; 74(7): 1304-1312
3. Richey ML, Rose SC: Assessment of knot security in continuous intradermal wound closures. J Surg Res 2005;123:284-288
4. Taylor H, Grogono AW. The constrictor knot is the best ligature. Ann R Coll Surg Engl. 2014 (96): 101-105

AUTOEVALUACIÓN

1. ¿Cómo se denomina el primer lazo del nudo?
   a. Lazo de sujeción
   b. Ballestrinque
   c. Medio nudo
   d. Lazo de aproximación

2. ¿Cuál de los siguientes factores no afecta a la seguridad de los nudos?
   a. Técnica quirúrgica
   b. Material de sutura
   c. Diámetro de sutura
   d. Número de pasos

3. Después de hacer el lazo final, ¿en qué dirección debe de tirarse de los extremos libres de la sutura?
    a. Vertical
    b. Horizontal
    c. En ángulo agudo
    d. En ángulo obtuso

4. ¿Cuál de los siguientes nudos es inherentemente el nudo más débil?
    a. Nudo cuadrado
    b. Nudo de cirujano
    c. Nudo de la abuela
    d. Nudo de rizo

5. ¿Cuáles de los siguientes dos grupos son idénticos?
    a. Nudo de rizo y nudo corredizo
    b. Nudo de rizo y nudo cuadrado
    c. Nudo de rizo y nudo de cirujano
    d. Nudo de rizo y nudo de Miller

6. ¿Cuál de los siguientes nudos permite al cirujano controlar la tensión de la herida?
    a. Nudo corredizo
    b. Nudo cuadrado
    c. Nudo de rizo
    d. Nudo de la abuela

7. ¿Cuál de las siguientes opciones se puede utilizar para ligar vasos sanguíneos voluminosos?
    a. Nudo de Aberdeen
    b. Nudo cuadrado
    c. Nudo de Miller
    d. Nudo de cirujano

8. ¿Cuál de los siguientes nudos se utiliza para la colocación de suturas endoscópicas?
   a. Nudo de Miller
   b. Nudo de Aberdeen
   c. Nudo de avance
   d. Nudo de Delimar

9. ¿Cuál de los siguientes nudos no es adecuado para realizar suturas?
   a. Nudo de Aberdeen
   b. Nudo corredizo
   c. Nudo medio barrilito
   d. Nudo de avance

10. ¿Cuál es la indicación para colocar un nudo de cirujano?
   a. Cierre de la herida bajo tensión
   b. Ligadura de vasos sanguíneos voluminosos
   c. Suturas continuas
   d. Sutura endoscópica

CAPÍTULO 4

Técnicas De Sutura - Suturas Básicas Y Modificaciones

Todas las técnicas de sutura se basan en cuatro o cinco suturas básicas, que se pueden modificar y aplicar a varias situaciones clínicas. En este capítulo se tratan estas suturas básicas y sus modificaciones directas. Los principiantes primero deben aprender a realizar todas las técnicas básicas de sutura con habilidad y velocidad, antes de intentar aprender las modificaciones.

SUTURA INTERRUMPIDA SIMPLE

Los principiantes siempre deben comenzar aprendiendo la sutura interrumpida simple. Una vez dominado este método de sutura, podrá pasar a las otras técnicas.

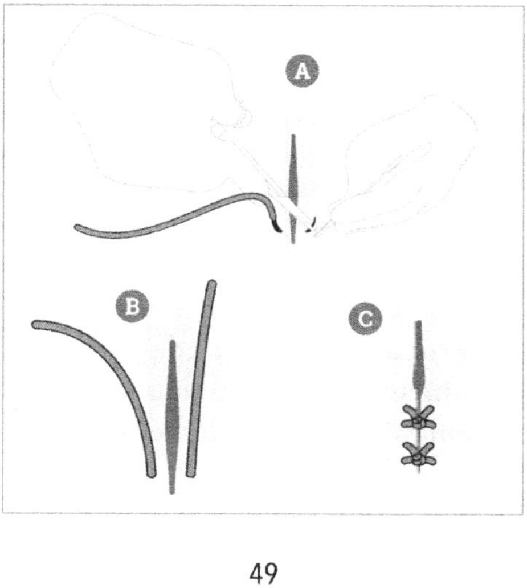

Técnica:

1. Comience siempre la sutura interrumpida simple en el centro de la herida. Una vez colocado el primer punto, se pueden colocar puntos sucesivos a intervalos de 0,5 cm a cada lado, hasta llegar a la periferia de la herida.
2. Usando las pinzas para tejido, evierta el primer borde de la herida e introduzca la aguja a través de la capa superficial hasta la parte más profunda del borde de la herida.
3. Retire la aguja cuando emerja de la superficie profunda, dejando solo una parte corta (alrededor de 2 – 3 cm) en el primer extremo.
4. Introduzca la aguja a través de la parte profunda del borde opuesto de la herida. Lleve las pinzas para tejido a este borde de la herida, mientras introduce la aguja. **Fig. A: Mordeduras.**
5. Retire la aguja cuando emerja de la parte superficial, y tire de todo el material entre los dos bordes tensos. Recoja el material girándolo alrededor de la mano no dominante. La longitud inicial de 2 – 3 cm de material que se dejó atrás debe mantenerse así para utilizarse para el atado de nudos. **Fig. B: Antes de la colocación del nudo.**
6. Coloque un nudo de rizo como se describe en la sección anterior. **Fig. C: Nudo final.**
7. Corte ambos extremos de la sutura.

Indicaciones y Contraindicaciones:

- Estas son las suturas más utilizadas. Son especialmente útiles en el servicio de urgencias para el cierre de laceraciones.
- No son adecuadas para su colocación en capas profundas de tejido, o zonas extremadamente estéticas.

Ventajas:

- Son fáciles de colocar y pueden ser realizadas por principiantes.
- Proporcionan a la herida una alta resistencia a la tracción.
- Como estas suturas están separadas entre sí, son capaces de adaptarse a la inflamación del tejido de manera eficiente, y así prevenir el estrangulamiento de la herida y el deterioro del riego sanguíneo.

- El cirujano puede ajustar la profundidad y la distancia de las suturas de acuerdo con el contorno de la herida. Esto es especialmente útil en servicios de urgencias, donde las laceraciones rara vez son incisiones limpias.
- Si una parte de la sutura cede, las otras suturas interrumpidas todavía pueden mantener juntos los bordes de la herida. Por lo tanto, no se pierde la integridad de toda la línea de sutura.

Inconvenientes:

- Dado que cada sutura requiere un nudo individual, se necesita mucho tiempo para colocarlas.
- Las suturas tienden a dejar marcas cruzadas en la piel debido a los múltiples nudos colocados. Las marcas cruzadas se pueden evitar retirando las suturas rápidamente al quinto día.

Modificación: La sutura enterrada simple

Esta técnica se utiliza para el cierre de capas más profundas de la herida antes del cierre de la piel. Los pasos para colocar una sutura enterrada simple son los siguientes:

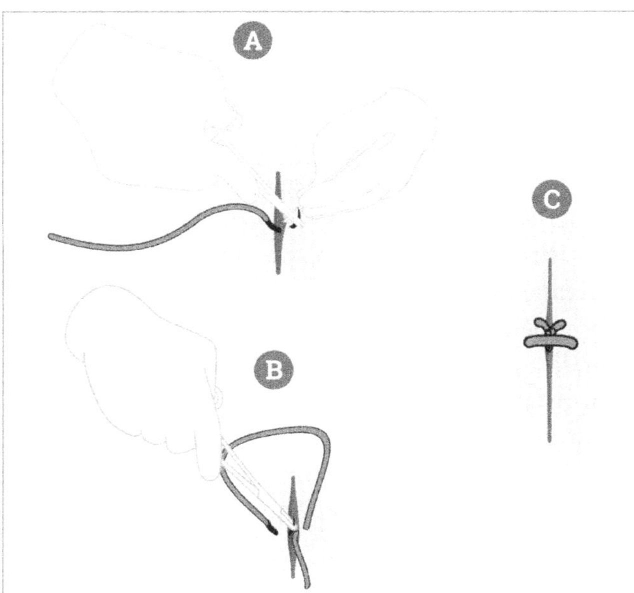

1. La primera mordedura se toma de la parte más profunda de la herida a la parte superficial (a diferencia de la sutura interrumpida regular, en la que la primera mordedura va de superficial a profunda). **Fig. A: Primera mordedura.**
2. La segunda mordedura se toma desde la parte superficial del borde de la herida opuesta hasta la parte profunda (de nuevo, a diferencia de la sutura interrumpida regular, que va de profunda a superficial). **Fig. B: Segunda mordedura.**
3. Recoja el material, como se describió anteriormente, y haga un nudo de rizo.
4. Una vez apretado el nudo, notará que se "entierra", es decir, el nudo tiende a recostarse sobre la parte más profunda de la capa profunda. Es útil porque este nudo no interferirá con la colocación de la sutura en una capa más superficial. **Fig. C: Nudo "enterrado".**

Modificación: La sutura de corrección de profundidad interrumpida simple

Esta técnica se utiliza cuando hay una discrepancia en la profundidad de la herida entre los dos bordes. Esta puede ser anatómica o inducida por el cirujano debido a un cierre incorrecto de las capas más profundas. La técnica para colocar esta sutura modificada es la siguiente:

1. Perfore la superficie del borde de la herida que está más alta que el borde opuesto.
2. La aguja emerge en la superficie profunda a un nivel poco profundo. Por ejemplo, si la capa superficial es la piel, se puede dejar que la aguja emerja en la unión dérmica-epidérmica.
3. La aguja luego entra en la capa profunda del borde opuesto de la herida (que está a menor altura), no a una profundidad correspondiente, sino a un nivel más profundo. En el ejemplo anterior, la aguja entraría en la superficie profunda en la dermis o a mayor profundidad.
4. La aguja emerge entonces sobre la capa superficial del borde opuesto de la herida a una distancia de la herida similar a la primera introducción. Tenga en cuenta que sólo difiere la profundidad y no la distancia de la herida.

5. Luego se coloca un nudo de rizo. El nudo debe estar bien apretado, pero no demasiado, ya que esto haría que la línea de sutura tuviera un aspecto desigual.

SUTURA CONTINUA SIMPLE

La sutura continua simple es un tipo continuo de sutura que puede comenzar en un extremo de la herida y continuar a lo largo de su longitud hasta el otro extremo. No se colocan nudos entremedias y solo se coloca un nudo al final de la longitud de la herida.

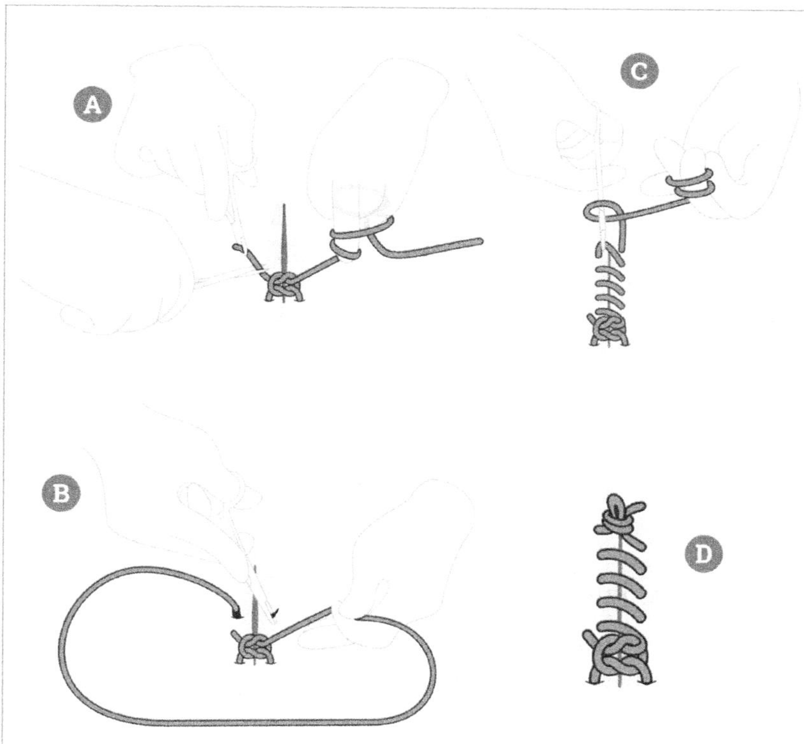

Técnica:

1. La primera parte de la sutura continua es similar a la sutura interrumpida.
2. La aguja se introduce a través de la parte superficial de un borde de la herida, sacada a través de la parte profunda.

3. A continuación se introduce la aguja en la parte profunda del borde opuesto de la herida y se extrae a través de la parte superficial.
4. Al igual que la sutura interrumpida, se coloca un nudo de rizo.
5. Ahora, en lugar de cortar ambos extremos de la sutura, solo se corta el extremo más corto y se deja intacto el extremo más largo del material que contiene la aguja. **Fig. A: Cortando solo el extremo más corto.**
6. La aguja se devuelve al borde inicial de la herida y se vuelve a introducir de la capa superficial a la profunda, a pocos milímetros de distancia de la primera inserción.
7. En un punto paralelo del borde opuesto de la herida, se introduce la aguja y se saca de la capa profunda a la superficial. **Fig. B: Colocando mordeduras continuas.**
8. El proceso se repite una y otra vez a lo largo de la longitud de la herida.
9. Debe tenerse en cuenta que si las mordeduras de lados opuestos están directamente cruzadas entre sí, la sutura se muestra en diagonal. Si las mordeduras de lados opuestos son ligeramente diagonales entre sí, las huellas de sutura se ven rectas.
10. La última parte se deja ligeramente suelta para permitir la colocación de nudos. **Fig. C: Colocación de nudos.**
11. El nudo de rizo se coloca sujetando la parte "floja" de la mordedura anterior en lugar de un extremo libre. Una vez hecho el nudo, se pueden cortar ambos extremos. **Fig. D: Nudo final.**

Indicaciones y Contraindicaciones:

- Se utiliza en heridas largas donde la tensión de la herida es mínima.
- Se utiliza para asegurar colgajos e injertos de piel.
- No debe usarse en heridas que presenten un mayor riesgo de dehiscencia de la herida.

Ventajas:

- Hay menos cicatrices en comparación con las suturas interrumpidas debido al menor número de nudos.
- Es más cómoda y mucho más rápida de colocar.

Inconvenientes:

- Si una parte de la sutura cede, puede perderse la integridad de toda la herida.
- Es difícil hacer ajustes precisos a lo largo del contorno de una herida irregular.

Modificación: La sutura continua bloqueada

Excepto por una diferencia, la sutura continua bloqueada se coloca casi exactamente de la misma manera que la sutura continua simple. Cada parte de la sutura se "bloquea" haciendo un lazo con la aguja a través del material. La técnica es la siguiente:

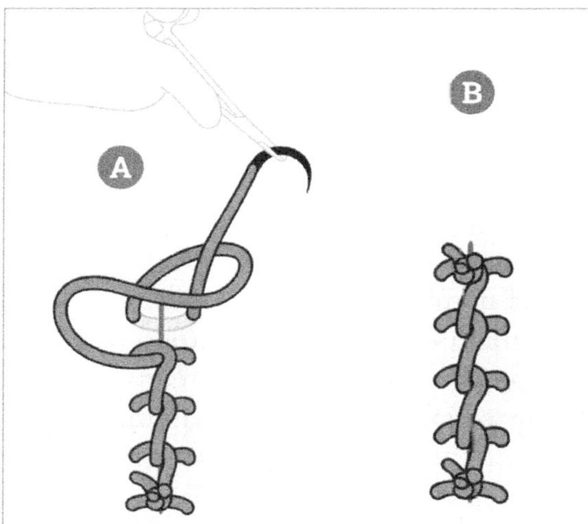

1. Se introduce la aguja a través de un borde de la herida de la capa superficial a la profunda y se saca del borde de la herida de la capa profunda a la superficial.
2. Se coloca un nudo de rizo y se corta el extremo corto del material de sutura.
3. Al igual que la sutura continua simple, la aguja se introduce de nuevo a través del primer borde de la herida y se saca a través del otro, a pocos milímetros de las primeras mordeduras.
4. Sin embargo, cuando salga la aguja, debe sacarse a través del lazo de la parte anterior, 'bloqueándola' así. **Fig. A: Sacando la aguja por el lazo.**

5. Se repite el proceso y cada tramo se "bloquea" con el anterior a lo largo de la longitud de la herida.
6. Sin embargo, no debe bloquearse el último tramo y debe dejarse suelto para facilitar la colocación de un nudo de rizo.
7. Después de colocar el nudo de rizo, utilizando el "lazo" de la mordedura anterior, se cortan los extremos libres. **Fig. B: Colocación de nudos.**

La sutura continua bloqueada generalmente se coloca en zonas que requieren un mayor grado de resistencia a la tracción, como un colgajo que se esté insertando en un lugar receptor, y debe establecer la cicatrización y la circulación alrededor de sus márgenes. También es útil en zonas donde se requiera hemostasia, o en zonas que tiendan a sangrar profusamente, como las heridas del cuero cabelludo. Sin embargo, esta sutura no es adecuada para zonas donde haya un deterioro del riego sanguíneo, ya que esta sutura puede causar un mayor estrangulamiento de los tejidos.

SUTURA DE COLCHONERO VERTICAL

La sutura de colchonero vertical también se conoce como el "punto de Donati", que lleva el nombre del cirujano italiano que la describió por primera vez. Esta sutura proporciona un método más seguro para cerrar la herida. Además, proporciona una excelente eversión de los márgenes de la herida en comparación con la técnica habitual.

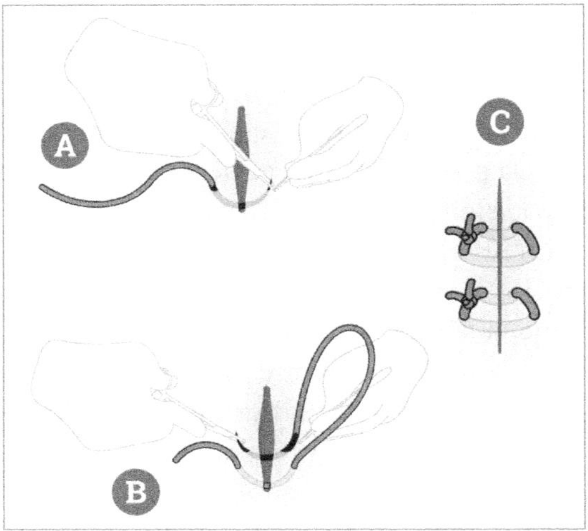

Técnica:

- Se introduce la aguja desde la parte superficial a la profunda de la superficie de la herida, a algo de distancia del borde de la herida, alrededor de 4 mm a 8 mm.
- La aguja, al emerger de la superficie profunda, debe estar a un nivel más profundo, preferiblemente llegando a la profundidad de la dermis.
- La aguja entra entonces en la parte profunda del borde de la herida en el lado opuesto, al mismo nivel, es decir, a la profundidad de la dermis.
- La aguja emerge en la parte superficial del borde opuesto de la herida, nuevamente a 4 mm a 8 mm de distancia de la herida. **Fig. A: Mordeduras lejanas.**
- Se invierte la aguja y se introduce de nuevo en la superficie de la piel en el segundo lado, pero esta vez más cerca del borde de la herida (alrededor de 1 mm a 2 mm de la herida).
- La aguja debe emerger en la superficie profunda más superficial a las mordeduras anteriores (en la dermis o por encima de ella).
- Se introduce la aguja en la superficie profunda del primer lado, a la misma profundidad.
- Se saca de nuevo en la capa superficial del primer lado, más cerca del borde de la herida (1 mm a 2 mm de la herida). **Fig. B: Mordeduras cercanas.**
- Luego se aplica un nudo de rizo y se cortan ambos extremos de la sutura.
- Esto se puede repetir a lo largo de la herida. **Fig. C: Después de la colocación del nudo.**

Indicaciones y Contraindicaciones:

- Esta técnica se aplica en zonas que son propensas a la inversión, por ejemplo, el cierre de la piel después de la extirpación de un quiste dermoide. La eversión añadida proporcionada por los resultados uniformes de la técnica da como resultado una cicatriz plana.
- Se utiliza cuando el cierre se realiza sobre estructuras anatómicas importantes, ya que proporciona una resistencia adicional frente a la apertura espontánea de los bordes de la herida.
- Se evita preferentemente en zonas estéticas, ya que existe un alto riesgo de que queden marcas de sutura.

Ventajas:

- Produce una eversión significativa de la herida.
- Tiende a reducir los espacios muertos dentro de la herida.
- Reduce al mínimo la tensión a lo largo de los bordes de la herida y proporciona a la herida una mayor resistencia a la tracción y soporte.

Inconvenientes:

- Dado que esta sutura tiene dos puntos de entrada y dos puntos de salida, el riesgo de trama cruzada es mayor incluso que con la sutura interrumpida.
- Esta técnica requiere prestar mucha atención para garantizar que las cuatro mordeduras sean simétricas. Si no se hace así, se puede formar un "escalón" antiestético en un lado de la línea de sutura.

Modificación: La sutura continua de colchonero vertical

Esta combina las ventajas de la sutura de colchonero vertical con la sutura continua, y ofrece un método rápido para una estrecha aproximación de los bordes de la herida con eversión. Esta técnica se realiza de la siguiente manera:

Se coloca la sutura de colchonero vertical tradicional, de acuerdo con los pasos descritos antes. Se ata un nudo de rizo.

En lugar de cortar ambos extremos del material de sutura, solo se corta el extremo corto y se conserva el extremo largo con la aguja para la sutura continua. La técnica se realiza de la siguiente manera:

1. La aguja se introduce en la parte superficial del borde de la herida, a 4 mm a 8 mm de la herida, pero un poco horizontalmente más adelante en la longitud de la herida.
2. Se saca a través de la parte profunda y se introduce en la parte profunda correspondiente en el borde opuesto.
3. La aguja se saca a través de la capa superficial del borde opuesto, a 4 mm a 8 mm de la herida.
4. Luego se invierte la aguja y se introduce desde la capa superficial a la profunda en el segundo borde, esta vez a 1 mm a 2 mm de la herida.
5. La aguja se introduce desde la capa profunda a la superficial en el lado opuesto, de nuevo a 1 mm a 2 mm de la herida.

6. La aguja se desplaza una vez más horizontalmente a lo largo de la longitud de la herida, para tomar una mordedura de 4 mm a 8 mm de la herida.
7. El proceso se repite, con dos juegos de mordeduras (4 mm a 8 mm y 1 mm a 2 mm) en cada nivel, a lo largo de la longitud de la herida,
8. Una vez que se alcanza el final de la herida, se coloca un nudo de rizo utilizando el lazo suelto de la sección anterior. Luego se cortan ambos extremos del material de sutura.

Modificación: Sutura en polea

La sutura en polea se diseñó para reducir la tensión a través de las mordeduras a cada lado de la línea de sutura. Se reduciría así la cantidad de trama cruzada y el estrangulamiento de los tejidos que se produce. Se coloca de la siguiente manera:

1. Los pasos seguidos para colocar la sutura en polea son casi idénticos a la sutura de colchonero vertical, excepto en el paso final.
2. Antes de colocar un nudo en el primer borde de la herida, la aguja se cruza hacia el segundo borde de la herida y se hace un lazo a través de la "línea" de sutura vertical que se ha formado en este borde.
3. Luego, la aguja se vuelve a cruzar hasta el primer borde de la herida y se coloca el nudo de rizo antes de cortar ambos extremos de la sutura.

Modificación: Sutura lejana y cercana:

Esta modificación de la sutura de colchonero vertical es básicamente una modificación del punto en polea. Esta técnica se realiza para expandir el tejido cuando la herida se está cerrando bajo tensión. Se deben seguir los siguientes pasos para colocar la sutura lejana y cercana:

1. El primer borde de la herida se debe sujetar y evertir con pinzas para tejido.
2. La aguja se introduce a través de la parte superficial de la piel y a través de la dermis a 4 mm a 6 mm del borde de la herida (esto se denomina mordedura de sutura lejana).
3. Se tira de la aguja a través de la parte profunda de la herida, que es la dermis, y luego se introduce en la parte profunda del lado opuesto (el lado del cirujano), a la misma profundidad.

4. La aguja se retira a través de la parte superficial del borde opuesto, esta vez a 2 mm del borde de la herida (esto se conoce como la mordedura cercana a la sutura).
5. Ahora, en lugar de girar la aguja hacia atrás, la aguja debe cruzarse sobre la herida hasta el primer borde de la herida.
6. La aguja debe volver a perforar la superficie de la herida, a través de la piel y la dermis del borde alejado, pero esta vez a sólo 2 mm del borde de la herida. Esta es de nuevo la mordedura de sutura cercana.
7. La aguja se extrae a través de la dermis y la piel del segundo borde, a 4-6 mm del margen. Esta es la segunda mordedura de sutura lejana.
8. Luego se coloca el nudo de rizo y se cortan ambos extremos de sutura.

Modificación: Sutura de colchonero vertical semienterrada

El principal inconveniente de la sutura vertical de colchonero es la trama cruzada, causada por los cuatro puntos de entrada utilizados. Este inconveniente se supera utilizando la sutura semienterrada, que elimina dos puntos en la superficie. Por lo tanto, se puede utilizar en áreas donde la estética es motivo de preocupación. Se puede colocar con los siguientes pasos:

1. La aguja perfora la parte superficial de un borde de la herida, a alrededor de 4 mm a 6 mm de la herida, y sale a través de la superficie profunda.
2. En el borde opuesto de la herida, la aguja penetra en la superficie profunda correspondiente. Sin embargo, no sale de la capa superficial. En su lugar, la aguja sale de nuevo en la superficie profunda a un nivel ligeramente superior.
3. La aguja luego entra en la superficie profunda del primer borde de la herida en el mismo nivel más alto, y sale a través de la capa, a 2 mm de la herida.
4. Luego se coloca el nudo de rizo y se cortan ambos extremos de la sutura.
5. Este método garantiza que todas las marcas estén solo en un lado de la herida, mientras que en el otro lado las marcas permanecen invisibles.

SUTURA DE COLCHONERO HORIZONTAL

La sutura de colchonero horizontal es otra técnica que proporciona una eversión pronunciada del borde de la herida. Esta técnica incorpora mucho más tejido en una sola sutura, en comparación con las otras suturas interrumpidas, y por lo tanto se utiliza a menudo como sutura inicial para mantener los bordes de la herida juntos.

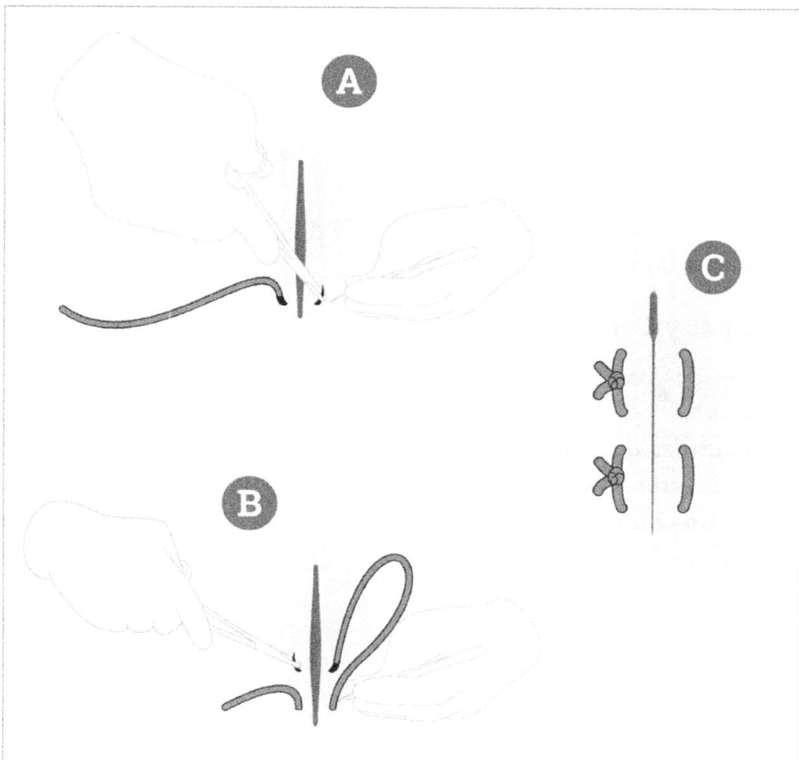

Técnica:

1. La aguja se introduce en la parte superficial del borde de la herida. La aguja se debe introducir a una distancia ligeramente mayor de la herida en comparación con la sutura interrumpida, idealmente de 6 mm a 8 mm.
2. La aguja sale a través de la parte profunda del borde de la herida y entre en el borde opuesto de la herida a un nivel correspondiente en la parte profunda.

3. La aguja sale a través de la parte superficial del borde opuesto, nuevamente a 6 mm a 8 mm de la herida. **Fig. A: Conjunto inicial de mordeduras.**
4. A continuación se invierte la aguja y se introduce nuevamente en la parte superficial del segundo borde de la herida, pero un poco más abajo a lo largo de la longitud de la herida en dirección horizontal. La distancia de la herida debe ser la misma (de 6 mm a 8 mm).
5. La aguja sale de la parte profunda del segundo borde de la herida y entra en la parte profunda correspondiente del primer borde de la herida.
6. La aguja sale de la parte superficial del segundo borde de la herida, que estará a poca distancia horizontalmente de la primera mordedura. **Fig. B: Segunda serie de mordeduras.**
7. Luego se coloca un nudo de rizo y se cortan ambos extremos de la sutura. **Fig. C: Nudo.**

Indicaciones y Contraindicaciones:

- Heridas con un riesgo extremadamente alto de dehiscencia de la herida.
- Se utiliza después de la escisión del tejido, cuando la herida tiene que cerrarse bajo tensión.
- Es útil como sutura de fijación, tanto para retraer los tejidos como para aproximar los bordes de los tejidos durante el cierre utilizando alguna otra técnica.

8. Evite esta sutura cuando el riego sanguíneo esté comprometido en el tejido.

Ventajas:

- Puesto que las suturas están orientadas horizontalmente en vez de verticalmente, resulta útil para proporcionar resistencia a la tracción a los tejidos frágiles.
- Esta técnica ofrece una distribución uniforme de la resistencia a la tracción a lo largo de la herida.
- Proporciona un buen grado de eversión de la herida, lo que permite que la herida se cure antes debido a una mejor aproximación de los bordes.
- También permite cierto grado de expansión de la piel durante el cierre.

Inconvenientes:

- Esta técnica también tiende a dejar marcas de sutura porque, al igual que con las suturas de colchonero verticales, se toman cuatro mordeduras a través del tejido.
- Esta técnica también conlleva un alto riesgo de estrangulamiento de los tejidos y puede provocar necrosis de los márgenes de la herida. En el material de sutura se pueden poner materiales de amortiguación, por ejemplo refuerzos de gasa, para evitar que esto suceda.

Modificación: La sutura de colchonero horizontal bloqueante

Esta técnica proporciona una mejor aposición de los bordes de la herida que el método tradicional y también es fácil de eliminar una vez que la herida se cura. Esta técnica es útil en tejidos atróficos, ya que la posibilidad de desgarro es menor tanto durante la colocación como durante la retirada de la sutura. El método de colocación es el siguiente:

1. El método utilizado es el mismo que en la sutura de colchonero horizontal tradicional.
2. Una vez que la aguja emerge en el primer lado, antes de la colocación del nudo, se realiza la modificación.
3. Se cruza la aguja hacia el lado opuesto y se saca a través del "lazo" horizontal formado en el otro lado de la herida.
4. La aguja debe extraerse del lado más cercano a la herida al lado alejado de la herida, bloqueando así la sutura.
5. La aguja y el material se vuelven a llevar al primer lado, para atar el nudo de rizo. Luego se cortan ambos extremos de la sutura.

Modificación: La sutura continua de colchonero horizontal

Esta técnica combina la sutura de colchonero horizontal y la sutura continua y es útil cuando es necesario combinar la eversión obtenida con la técnica de colchonero con la velocidad, como es el caso de las incisiones largas. Esta técnica se realiza de la siguiente manera:

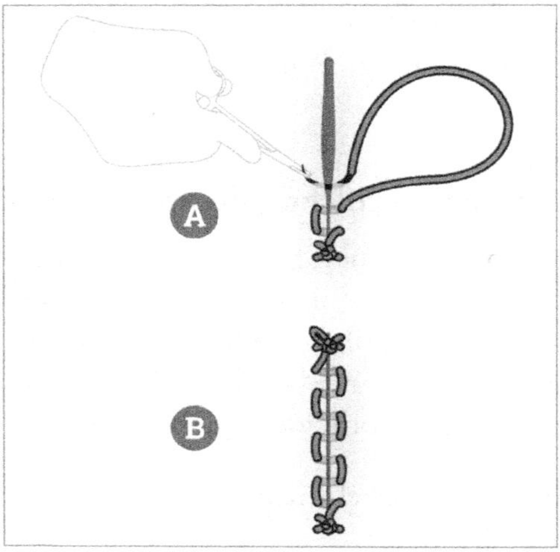

1. Se coloca una sutura de colchonero horizontal tradicional, siguiendo los pasos indicados anteriormente. Se ata el nudo de rizo.
2. En lugar de cortar ambos extremos de la sutura, solo se corta el extremo corto, mientras que el extremo largo que contiene la aguja se retiene.
3. Luego, la aguja se introduce en la capa superficial del primer borde de la herida (el borde que contiene el nudo), horizontalmente a través del nudo, a la misma distancia de la herida.
4. La aguja emerge de la capa profunda y perfora la superficie profunda del borde opuesto al mismo nivel. Emerge del borde superficial.
5. La aguja se invierte, y de nuevo se utiliza para perforar la capa superficial del segundo borde, horizontalmente un poco más lejos, y emerge en la superficie profunda. **Fig. A: Mordeduras continuas.**
6. La aguja vuelve a perforar la superficie profunda del primer borde y emerge a través de la piel.
7. La aguja se invierte una vez más, y se utiliza para perforar la piel, de nuevo un poco más horizontalmente. El movimiento horizontal de la aguja continúa a lo largo de toda la herida.

8. Una vez se llega al final de la herida, se ata un nudo de rizo usando el lazo suelto de la parte anterior. **Fig. B: Nudo final.**

Se puede hacer otra modificación, combinando las dos modificaciones anteriores. Esto se conoce como sutura continua de colchonero horizontal bloqueante.

Modificación: La sutura de colchonero horizontal reforzada con tira adhesiva

Este método se utiliza cuando la piel está extremadamente atrófica por lo que la colocación de suturas puede hacer que la piel se rasgue. En estos casos, la colocación de tiras adhesivas quirúrgicas puede facilitar el cierre. Los bordes de la herida adyacentes a la incisión deben limpiarse y secarse para facilitar la adherencia. Las mordeduras de la aguja se toman a través de la tira adhesiva y el tejido.

Modificación: La sutura de colchonero horizontal semienterrada

La sutura de colchonero horizontal semienterrada se conoce más comúnmente como el "punto en esquina". Esta técnica es sumamente útil para suturar esquinas de colgajos o el punto de encuentro de incisiones que forman un ángulo de 90°entre sí. La técnica se realiza de la siguiente manera:

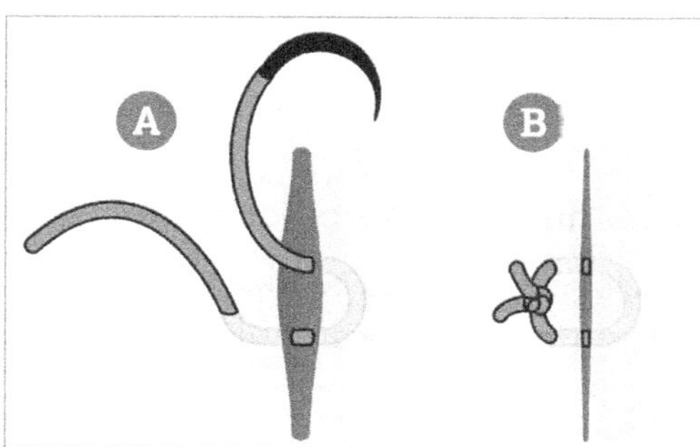

1. Se debe visualizar una línea imaginaria, que biseccione el vértice del triángulo verticalmente. Para el principiante que está aprendiendo esta técnica, resulta de utilidad trazar esta línea en la superficie de la piel para establecer la precisión.
2. La aguja debe introducirse a través de la capa superficial de la piel, alrededor de 4 mm a 6 mm por encima del vértice. El punto de

inserción debe estar a un lado de esta línea, de 2 mm a 3 mm de distancia de la misma.

3. Se extrae la aguja a través de la parte profunda y se lleva a la parte triangular de la herida.
4. El colgajo se vuelve a colocar utilizando pinzas para tejido para visualizar el extremo profundo.
5. A continuación se introduce la aguja en la parte profunda del colgajo triangular, en un punto paralelo al punto de entrada inicial.
6. La aguja sale a través de la superficie profunda del colgajo triangular, en un punto situado horizontalmente a través de la segunda inserción y diagonalmente a través de la primera inserción. Esto correspondería a un área al otro lado de la línea imaginaria, a una distancia igual de ella. **Fig. A: La mordedura "enterrada".**
7. A continuación se introduce la aguja en la superficie profunda en un punto de 4 mm a 6 mm por encima del vértice, horizontalmente a través del primer punto de entrada. La aguja sale a través de la capa superficial de la piel.
8. Luego se coloca un nudo de rizo. El nudo debe estar lo suficientemente apretado como para aproximar los tejidos y que la esquina encaje perfectamente. Si se aprieta demasiado el nudo, los bordes de la herida pueden torcerse y el resultado sería antiestético. **Fig. B: Colocación de nudos.**

Esta técnica es más útil cuando se levantan colgajos triangulares o trapezoidales para el acceso y se suturan de nuevo en su lugar.

Modificación: Sutura de colchonero horizontal enterrada

Este método proporciona excelentes resultados estéticos ya que se evita la trama cruzada. Las suturas se colocan utilizando la siguiente técnica:

1. El primer borde de la herida se evierte utilizando las pinzas para tejido, de modo que quede visible la dermis subyacente.
2. La aguja se introduce en la dermis a alrededor de 2 mm a 4 mm desde el borde de la sutura, en ángulo paralelo a la línea de incisión.
3. La aguja sale por el mismo nivel de la dermis, horizontalmente a través del punto de entrada más adelante en la longitud de la herida.
4. Se evierte entonces el borde opuesto del tejido para visualizar la dermis.

5. Se cruza la aguja hacia el lado opuesto y se introduce en la dermis en paralelo al punto de salida en el primer borde de la herida.
6. La aguja sale a través de la dermis en un punto paralelo al punto de inserción inicial en el primer borde de la herida.
7. Se coloca un nudo de rizo para asegurar la sutura. Se cortan ambos extremos del material de sutura.

Esta técnica permite una buena eversión de los bordes de la herida, pero los suturas son invisibles. Es útil para suturar heridas estrechas y heridas donde es difícil introducir el portagujas debido a la falta de espacio.

Modificación: Inversión de la sutura de colchonero horizontal

Como su nombre indica, se trata de una modificación de la sutura de colchonero horizontal que produce una inversión de los bordes de la herida en lugar de una eversión. Es útil en áreas anatómicas naturalmente deprimidas, como los pliegues de la piel. Esta técnica se lleva a cabo de la siguiente manera:

1. La orientación de la aguja es diferente a la de otras técnicas. La aguja debe mantenerse paralela al borde de la herida, en lugar de en ángulo recto.
2. La aguja se introduce desde la capa superficial del borde de la herida hasta la superficie profunda.
3. A continuación se introduce la aguja en la superficie profunda del mismo borde de la herida, un poco más adelante en la longitud de la herida horizontalmente.
4. Se extrae la aguja de la capa superficial del mismo borde de la herida, que irá horizontalmente a lo largo de la primera inserción.
5. Después se cruza la aguja al otro borde de la herida y se introduce desde la capa superficial paralela al punto por el que acaba de salir.
6. La aguja emerge de la superficie profunda, y se vuelve a introducir en la superficie profunda de este borde, un poco hacia atrás a lo largo de la longitud de la herida.
7. La aguja emerge de la parte superficial del segundo borde. Esto corresponderá al primer punto de inserción en el borde opuesto.
8. Luego se ata un nudo de rizo y se cortan ambos extremos de la sutura.

SUTURA DE FIGURA DE 8

La sutura de figura de 8 es una sutura ligeramente complicada de aprender y requiere más práctica. Esta técnica permite el cierre de dos o tres capas de herida en una sola sutura.

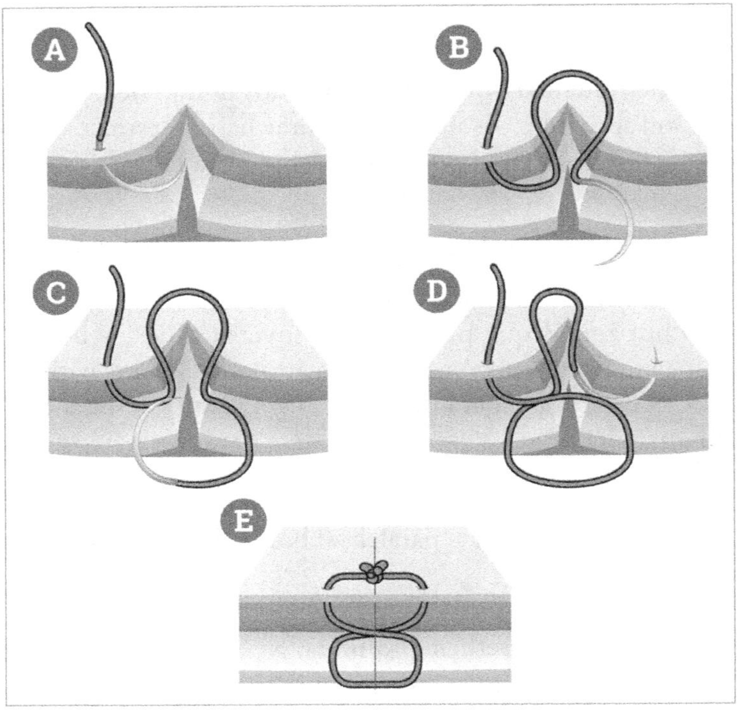

Técnica:

1. Se introduce la aguja a través de la superficie de la piel, y emerge en el tejido subcutáneo, de donde se saca. **Fig. A: Mordedura inicial.**
2. La segunda mordedura se toma a través del tejido subcutáneo del lado opuesto, al mismo nivel. Sin embargo, en lugar de que la aguja emerja en la piel,se gira la aguja hacia abajo hacia la capa más profunda y se deja que emerja en la dermis. **Fig. B: Segunda mordedura.**
3. Después se cruza la aguja hacia el primer lado, y se toma a través de la dermis al mismo nivel, y se saca a través del tejido subcutáneo. **Fig. C: Tercera mordedura.**

4. La aguja se cruza una vez más hacia el segundo lado, donde se lleva a través de la dermis a la superficie de la piel. **Fig. D: Cuarta mordedura.**
5. Luego se coloca un nudo de rizo. Se cortan ambos extremos del material de sutura. **Fig. E: Nudo final.**

Esta es la versión 'vertical' de la sutura de figura de 8. Hay otra versión que se coloca horizontalmente. Es similar a la sutura cruzada interrumpida, que se comentará en la siguiente sección. Los cirujanos suelen usar ambos términos indistintamente, pero merece la pena saber que la "figura de 8" en realidad se refiere a la versión descrita antes.

Indicaciones y Contraindicaciones:

- Cuando se desea suturar capas profundas pero sea necesario quitar la sutura más adelante (por ejemplo, cuando el paciente es alérgico al material reabsorbible).
- Para suturar heridas que se han abierto.
- Para heridas que tienen un contorno redondo o elíptico, o para defectos de "orejas de perro".
- Para heridas en las que hay una discrepancia en la longitud de ambos bordes
- Es mejor evitarla en heridas largas, ya que puede resultar difícil colocar múltiples suturas.

Ventajas:

- Esta técnica permite el cierre de múltiples capas a la vez.
- Proporciona una buena aposición de los bordes de la herida entre sí.
- Esta técnica causa menos estrangulamiento de los tejidos y, por lo tanto, menos isquemia y necrosis que otras suturas, ya que la tensión se distribuye a través de varias capas.

Inconvenientes:

- Este método es técnicamente exigente en comparación con las suturas anteriores, pero se puede dominar con la práctica.
- La retirada de la sutura causa más molestias a los pacientes, ya que el material tiene que retirarse de las capas más profundas.

SUTURA CRUZADA INTERRUMPIDA/SUTURA DE COLCHONERO CRUZADA

Esta sutura combina las propiedades de la sutura interrumpida simple, los tipos de sutura de colchonero y la sutura continua..

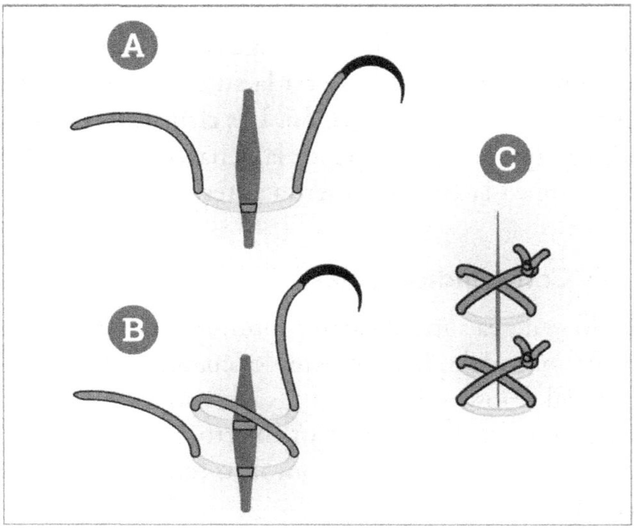

Técnica:

1. La aguja se introduce a través de la capa superficial del borde de la herida y se retira a través de la superficie profunda.
2. A continuación se introduce la aguja en la superficie profunda del borde opuesto de la herida en el mismo punto y se saca por la capa superficial. **Fig. A: Mordeduras iniciales.**
3. Después, se vuelve a cruzar la aguja al primer borde de la herida y se introduce en la capa superficial a la misma distancia del borde de la herida, pero horizontalmente un poco más adelante en la longitud de la herida.
4. La aguja se saca a través de la superficie profunda y se introduce en la superficie profunda del borde opuesto de la herida al mismo nivel.
5. A continuación, la aguja emerge sobre la capa superficial del segundo borde de la herida, a una distancia correspondiente de la primera mordedura de salida en este borde. **Fig. B: Segunda serie de mordeduras.**

6. La aguja se cruza hacia el primer lado nuevamente, y se ata un nudo de rizo de tal manera que el nudo queda en el primer lado de la herida.
7. Por lo tanto, se forma una 'X' sobre la línea de sutura. El proceso se repite a lo largo de la herida. **Fig. C: Nudo.**

Indicaciones y Contraindicaciones:

- Esto se hace principalmente para las mismas indicaciones que una sutura interrumpida simple, excepto cuando la herida es más larga y el cirujano quiere ahorrar tiempo.
- Se utiliza cuando el cirujano busca una colocación más segura de la herida atando múltiples nudos.
- También es útil para heridas pequeñas que no están bajo tensión, como heridas de biopsia por punción y huecos de extracción dental.
- Cuando esta técnica se utiliza para la ligadura de los vasos sanguíneos, a veces se conoce como la figura "horizontal" de la sutura en 8.
- No es adecuada para zonas donde el riego sanguíneo esté comprometido.

Ventajas:

- Puede cerrar heridas asimétricas, como defectos redondos o elípticos.
- Proporciona una buena aproximación de los bordes de la herida y es segura.

Inconvenientes:

- Esta sutura puede causar estrangulamiento del tejido si los nudos están demasiado apretados, lo que lleva a la necrosis del borde de la herida.
- Esta técnica no proporciona una estética perfecta y es mejor evitarla en zonas estéticas.

Bibliografía:

1. Adams B, Anwar J, Wrone DA, Alam M. Techniques for cutaneous sutured closures: variants and indications. Semin Cutan Med Surg. 2003 Dec. 22(4):306-16

2. Zuber TJ. The mattress sutures: vertical, horizontal and corner stitch. Am Fam Physician. 2002 Dec 15;66(12):2231-6
3. Alam M, Goldberg LH. Utility of fully buried horizontal mattress sutures. J Am Acad Dermatol. 2004 Jan. 50(1):73-6
4. Moody BR, McCarthy JE, Linder J, Hruza GJ. Enhanced cosmetic outcome with running horizontal mattress sutures. Dermatol Surg. 2005 Oct. 31(10):1313-6
5. Lakshmanadoss U, Wong WS, Kutinsky I, Khalid MR, Williamson B, Haines DE. Figure-of-eight suture for venous hemostasis in fully anticoagulated patients after atrial fibrillation catheter ablation. Indian Pacing Electrophysiol J. 2017;17(5):134–139.

AUTOEVALUACIÓN

1. ¿Qué técnica de sutura se utiliza normalmente en los servicios de urgencias?
   a. Sutura interrumpida simple
   b. Sutura continua simple
   c. Sutura de colchonero horizontal
   d. Sutura de colchonero vertical

2. ¿Qué sutura también se conoce como punto de Donati?
   a. Sutura de colchonero horizontal
   b. Sutura de colchonero vertical
   c. Sutura continua simple
   d. Sutura continua bloqueada

3. ¿Cuál de las siguientes suturas implica obtener mordeduras a dos profundidades diferentes?
   a. Sutura interrumpida simple
   b. Sutura de corrección de profundidad interrumpida simple
   c. Sutura enterrada interrumpida simple
   d. Sutura de colchonero cruzada

4. ¿Qué modificación de la sutura de colchonero vertical tiene como objetivo evitar la trama cruzada?
   a. Sutura continua de colchonero vertical
   b. Sutura en polea
   c. Sutura de colchonero vertical semienterrada
   d. Sutura lejana y cercana

5. ¿Qué técnica de sutura es útil para asegurar la esquina de los colgajos?
   a. Sutura continua de colchonero horizontal
   b. Sutura continua de colchonero vertical
   c. Sutura de colchonero horizontal semienterrada
   d. Sutura de colchonero vertical semienterrada

6. ¿Cuál de las siguientes técnicas de sutura tiene el menor riesgo de trama cruzada?
   a. Interrumpida simple
   b. Continua simple
   c. De colchonero horizontal
   d. De colchonero vertical

7. ¿Qué técnica de sutura es útil para los pliegues de la piel?
   a. Sutura cruzada interrumpida
   b. Inversión de la sutura de colchonero horizontal
   c. Sutura de figura de ocho
   d. Sutura de colchonero horizontal enterrada

8. Si un paciente es alérgico a las suturas absorbibles, ¿qué sutura es la mejor para las capas más profundas?
   a. Sutura cruzada interrumpida
   b. Inversión de la sutura de colchonero horizontal
   c. Sutura de figura de ocho
   d. Sutura de colchonero horizontal enterrada

9. ¿Qué sutura es útil para cerrar las heridas elípticas?
   a. Sutura cruzada interrumpida
   b. Inversión de la sutura de colchonero horizontal
   c. Sutura de figura de ocho
   d. Sutura de colchonero horizontal enterrada

10. ¿Cuál de las siguientes técnicas es útil cuando la herida es estrecha pero profunda?
    a. Sutura cruzada interrumpida
    b. Inversión de la sutura de colchonero horizontal
    c. Sutura de figura de ocho
    d. Sutura de colchonero horizontal enterrada

CAPÍTULO 5

Técnicas De Sutura - Suturas Avanzadas

Es posible que las técnicas avanzadas de sutura no se usen con frecuencia en cirugía, pero vale la pena conocerlas, ya que la mayoría de ellas tienen sus propias aplicaciones muy especializadas. Estas técnicas pueden ser combinaciones de varios tipos de suturas básicas o pueden implicar una metodología totalmente distinta. Este capítulo ilustra algunos de los métodos avanzados que utilizan habitualmente los cirujanos.

SUTURES HÍBRIDAS

Las suturas híbridas combinan más de un tipo básico de técnica de sutura. Ofrecen las ventajas de ambas técnicas. A continuación se muestran algunos ejemplos:

Sutura continua de colchonero vertical y simple:

Este método combina la modificación de lejos-cerca del colchón vertical con la sutura continua simple. Es útil en tejidos delicados donde es deseable evitar el estrangulamiento, pero los bordes de la herida deben aproximarse y evertirse de forma segura. Esta técnica se realiza de la siguiente manera:

1. La técnica comienza como una sutura continua simple.
2. Se introduce la aguja a través de la piel de un borde de la herida y se saca a través de la dermis. Se introduce en la dermis del otro borde de la herida y se saca a través de la piel al mismo nivel.

3. Se ata un nudo de rizo. Se corta el extremo corto solo.
4. Se introduce la aguja en la piel inmediatamente junto al nudo y se saca diagonalmente a través de la herida, muy alejada del tejido (6 mm a 8 mm).
5. A continuación se invierte la aguja en su soporte. Vuelve a entrar en la piel del mismo borde de la herida al mismo nivel, esta vez más cerca (2 mm a 4 mm) del margen de la herida.
6. Emerge de la dermis, atraviesa la dermis del primer borde y emerge de la piel, nuevamente a 2 mm a 4 mm del borde de la herida.
7. A continuación se introduce la aguja en el segundo borde de la herida al mismo nivel, pero a una distancia de 6 mm a 8 mm de los tejidos.
8. Se dirige de nuevo en diagonal, de modo que emerge un poco más adelante en la longitud de la herida. Después simplemente se cruza la aguja hacia el lado opuesto para obtener un mordedura similar a una sutura continua.
9. Después de esto, se repite la secuencia lejana-cercana.
10. Las dos suturas se alternan hasta llegar al final de la herida.
11. Luego se ata un nudo de rizo, usando el lazo suelto de la sección anterior. Se cortan ambos extremos de la sutura.

Sutura de colchonero híbrida:

Esta sutura combina la sutura de colchonero tanto horizontal como vertical en una solo punto. Se puede usar para cerrar heridas epidérmicas que normalmente requerirían una sutura de colchonero vertical, pero lo suficientemente ancha como para que una horizontal pueda cerrar la brecha más rápido. Esto produce una eversión pronunciada y una buena aproximación tisular. La técnica se realiza de la siguiente manera:

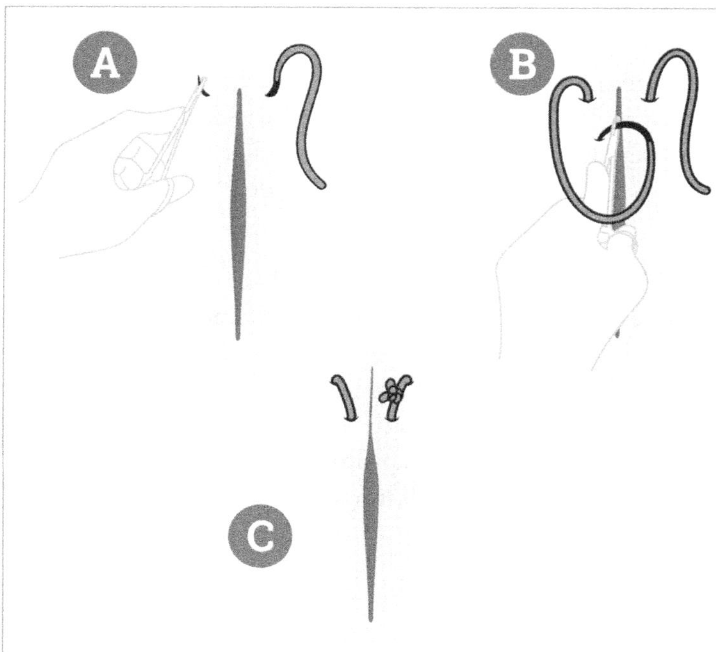

1. Se introduce la aguja a través de la superficie de la piel en un borde de la herida, muy lejos del margen de la herida (6 mm a 8 mm).
2. Se extrae la aguja a través de la dermis y se introduce en la dermis al mismo nivel en el borde opuesto de la herida.
3. La aguja emerge a través de la piel en el borde opuesto de la herida de 6 mm a 8 mm del margen de la herida. **Fig. A: Mordedura inicial de entrada y salida.**
4. A continuación se dirige la aguja a un punto que está más cerca del margen de la herida (2 mm a 4 mm de distancia), pero también horizontalmente más adelante en la longitud de la herida.

5. Se introduce la aguja en la piel en este punto, lo que deja un rastro diagonal de material. **Fig. B: Segunda mordedura de entrada.**
6. Esto contrasta con la marca vertical que se observa con la sutura de colchonero vertical, y la marca horizontal que se observa con la sutura de colchonero horizontal.
7. Se deja que la aguja emerja de la dermis y luego se introduce en la dermis del primer borde de la herida.
8. A continuación se extrae la aguja a través de la piel del primer borde, en un punto que se encuentra directamente a través del punto de inserción anterior.
9. Se ata un nudo de rizo. **Fig. C: Después de la colocación del nudo.**
10. Se cortan los dos extremos cortos. Una vez atado el nudo de rizo, se observará que se ha formado otra diagonal en este borde de la herida, y toda la sutura tiene forma de "V".

Sutura de colchonero vertical de la punta:

Esta sutura es un híbrido de la sutura de colchonero vertical y el punto de esquina que se describió como una modificación de la sutura de colchonero horizontal en el capítulo anterior. Esta técnica también se utiliza para fijar los colgajos de esquina (o en forma de V). Se utiliza cuando existe el riesgo de que la punta se establezca a más profundidad que el resto del colgajo, ya que esta técnica incrementa al máximo la eversión de la herida. La técnica se realiza de la siguiente manera:

1. Se introduce la aguja en uno de los bordes en el lado cóncavo de la "V", a unos 5 mm a 6 mm del margen de la herida.
2. La aguja emerge de la dermis dentro de la "V".
3. A continuación se cruza la aguja a la parte convexa del colgajo y perfora la dermis en un lado, nuevamente a 5 mm a 6 mm de la punta del vértice.
4. Surge en la dermis del otro lado del vértice, al mismo nivel de 5 mm a 6 mm de la punta.
5. La aguja cruza de nuevo a la parte cóncava del colgajo y perfora la dermis del segundo borde de la herida.
6. Emerge a través de la piel, a 5 mm a 6 mm del borde de la herida.
7. A continuación se invierte la aguja en el portagujas. Perfora de nuevo la piel del mismo borde de la herida, esta vez más cerca del margen (2 mm a 3 mm).

8. La aguja pasa desde la dermis para emerger a través de la dermis dentro de la "v".
9. La aguja ahora pasa a la dermis en el lado convexo y la perfora a solo 2 mm a 3 mm del vértice en un lado.
10. Emerge en la dermis del otro lado del vértice, a la misma distancia.
11. La aguja luego perfora la dermis del primer borde de la herida y emerge de la piel de 2 mm a 3 mm del margen de la herida.
12. Luego se aplica un nudo de rizo. Se cortan ambos extremos del material de sutura.

Sutura de punta de colchonero híbrida

Esta sutura es una técnica útil para asegurar incisiones en forma de Y. Generalmente se limita a las incisiones en la piel y las capas más profundas normalmente se cierran utilizando otras técnicas. Esta técnica se realiza de la siguiente manera:

1. La aguja se mantiene primero perpendicular a la extremidad vertical de la "Y".
2. La aguja se introduce desde la superficie de la piel alrededor de 3 a 4 mm desde el margen, emerge de la dermis y perfora la dermis en el otro lado de la extremidad vertical.
3. Emerge a través de la piel al mismo nivel. La aguja no debe estar orientada perpendicularmente al brazo diagonal de la 'Y' en el lado por el que ha salido.
4. Perfora la piel en el mismo lado, de 3 mm a 4 mm del borde diagonal de la herida. Surge en la dermis en la parte "V" de la "Y".
5. A continuación, de forma, similar a la sutura en esquina, la aguja está orientada en paralelo a la dermis.
6. Atraviesa la dermis en un lado del vértice del borde opuesto y emerge en el mismo nivel de la dermis, en el otro lado del vértice.
7. A continuación se sujeta la aguja de manera perpendicular a la extremidad diagonal de la "Y" en el otro lado y se introduce a través de la dermis.
8. Emerge sobre la piel de este lado, a 3 mm a 4 mm del margen.
9. Se aplica un nudo de rizo, utilizando el extremo corto del material al comienzo de la sutura. Se cortan ambos extremos del material.

SUTURAS DÉRMICAS/ SUTURAS SUBCUTICULARES

La sutura dérmica es una técnica especial en la que las suturas no rompen la piel y se mantienen limitadas a la capa dérmica. Esto es sumamente útil en zonas estéticas, ya que las huellas de sutura no aparecen en la piel. La técnica se realiza de la siguiente manera:

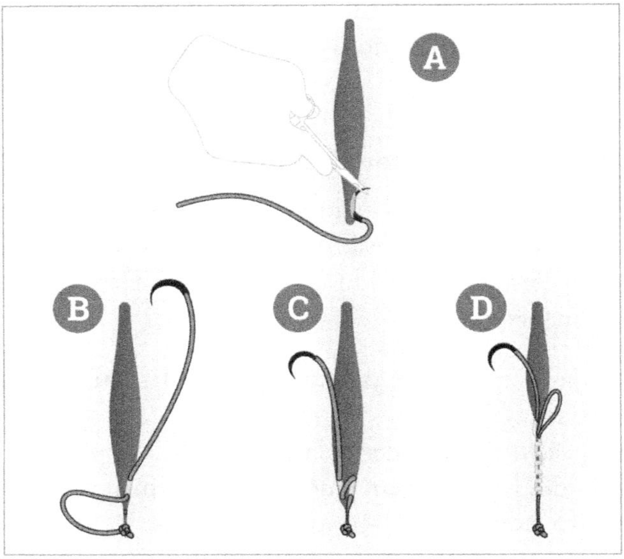

1. La aguja debe orientarse en paralelo a la incisión durante toda la técnica.
2. Se introduce la aguja a través de la superficie de la piel unos pocos milímetros por encima del vértice de la herida en un extremo de la herida. **Fig. A: Mordedura del vértice de la herida hasta un lado.**
3. Se introduce la aguja en la dermis, paralela a la línea de incisión. **Fig. B: Mordedura a través de la dermis en un lado.**
4. A continuación la aguja cruza a la dermis opuesta y se introduce al mismo nivel, manteniendo la orientación paralela. La aguja sale de la dermis por el mismo lado, un poco más adelante en la longitud de la herida, manteniendo una orientación paralela a la herida. **Fig. C: Mordedura a través de la dermis del otro lado.**
5. La aguja vuelve a atravesar la dermis del primer lado y se introduce en una dirección paralela similar, para emerger de nuevo un poco más adelante en la longitud de la herida en el mismo lado.

6. Este proceso se repite de nuevo, de manera continua en ambos lados.
7. Una vez alcanzado el final de la herida, se saca la aguja a través del vértice opuesto de la herida. **Fig. D: Herida cerrada antes de la colocación del nudo.**
8. Se coloca un nudo de Aberdeen, o cualquier nudo para una técnica de sutura continua. Se corta el extremo libre.
9. El nudo de Aberdeen también se puede aplicar al principio para evitar que el material entre completamente en la herida. Opcionalmente, se puede fijar el material con cinta quirúrgica en ambos extremos, en lugar de un nudo.

SUTURA EN BOLSA DE TABACO

La sutura en bolsa de tabaco se denomina así porque se asemeja a la cuerda de la que se tira para cerrar la bolsa. Es útil para defectos redondos y consiste básicamente en una sutura continua colocada alrededor del defecto. El defecto puede cerrarse por completo o reducirse a un tamaño insignificante con esta sutura. Esto es especialmente útil para sellar los defectos del intestino delgado. Esta técnica se realiza de la siguiente manera:

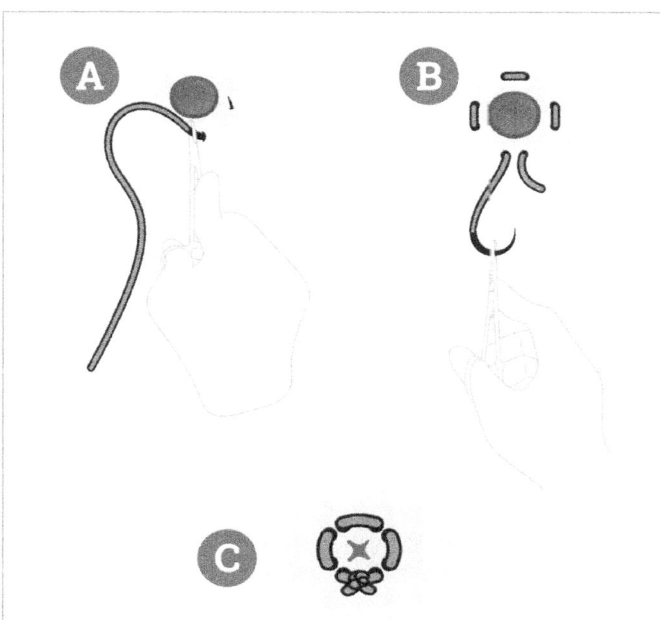

1. El borde de la herida del lado del defecto que está más cerca del cirujano se sujeta con pinzas para tejido y se evierte.
2. La aguja se utiliza para perforar la capa superficial y se extrae a través de la superficie profunda.
3. La aguja perfora de nuevo la superficie profunda del tejido y se deja emerger a través de la capa superficial, en paralelo y un poco a la derecha de la mordedura original. La distancia desde la herida debe permanecer igual. **Fig. A: Mordedura inicial de entrada y de salida.**
4. Este procedimiento se repite en sentido antihorario alrededor de la herida, hasta que se llega a la mordedura de salida final, cerca del punto inicial. **Fig. B: Mordeduras sucesivas.**
5. Se tira de ambos extremos del hilo juntos para cerrar el defecto. Se coloca un nudo de rizo y se aprieta. Se requieren pasos adicionales en esta técnica para mayor seguridad. Se puede utilizar un nudo de bloqueo para obtener mejores resultados. **Fig. C: Se tira de él y se cierra.**
6. Se puede usar un instrumento para invertir los bordes de la herida mientras se coloca el nudo, de modo que se elimine el defecto al tirar de los dos extremos del hilo de sutura juntos.

Esta técnica hace que se frunzan los tejidos circundantes, por lo que no debe usarse en zonas estéticas.

SUTURA DE CABRESTANTE

El punto de cabrestante está diseñado para cerrar heridas que tienen un grado de tensión excesivo. Se trata de un punto intraoperatorio temporal y su propósito es mantener los tejidos aproximados mientras se colocan otras suturas. Esta técnica permite que los tejidos se unan por "deslizamiento" mecánico y, por lo tanto, reduce la tensión de la herida en la herida suturada final. La técnica se realiza de la siguiente manera:

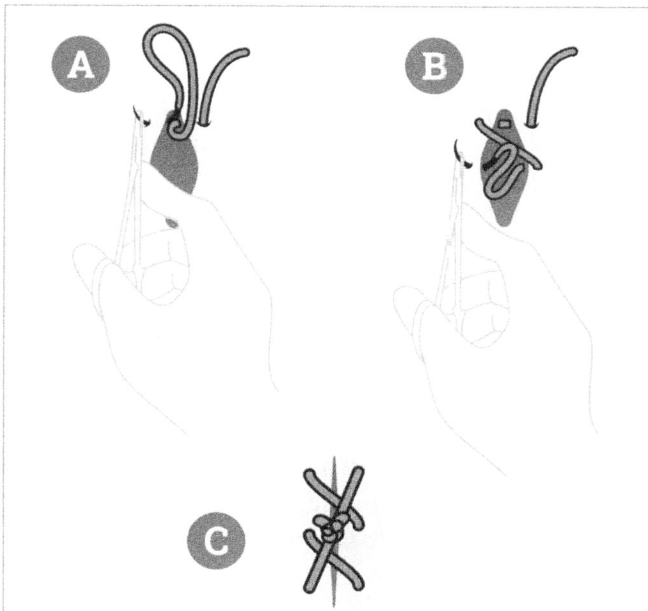

1. La aguja perfora la capa superficial del primer borde de la herida, lejos de la herida.
2. Emerge de la superficie profunda y perfora la superficie profunda en el borde opuesto al mismo nivel. Luego se extrae a través de la capa superficial. **Fig. A: Primera mordedura.**
3. Solo quedan unos pocos centímetros de material en el borde inicial, y esto se sujeta usando un hemostato.
4. La aguja se utiliza de nuevo para perforar la capa superficial del primer borde, emerge de la parte profunda y de nuevo se toma a través del lado opuesto. El proceso se repite 4-5 veces. **Fig. B: Segunda mordedura.**

5. A continuación se corta el extremo largo del material, dejando unos centímetros atrás.
6. Se libera el hemostato que sujeta el extremo corto del material y este extremo también se sujeta junto con el primer extremo del material. **Fig. C: Tras sucesivas mordeduras y nudos.**

Una modificación de esta técnica se denomina «sutura dinámica de cabrestante». En este método, se siguen los mismos pasos anteriores. Sin embargo, los dos extremos del material se sujetan con dos hemostatos diferentes. Una vez que se ha producido cierta cantidad de deslizamiento del tejido, se tira con firmeza del material con el hemostato, para acercar los bordes de la herida. Se coloca otro hemostato en la unión de la piel y el material y se retira el hemostato que se extrajo. Este proceso se repite unas cuantas veces hasta que los bordes de la herida se aproximan con una tensión mínima.

SUTURA CRUZADA

Se trata de una sutura continua simple modificada, que se utiliza cuando se requiere una aproximación cercana de las heridas. También es útil para bordes de heridas sangrantes, ya que puede lograr una buena hemostasia. Sin embargo, no ofrece una seguridad adicional para la sutura y puede separarse fácilmente incluso aunque se descomponga una parte del material. Esta técnica se realiza de la siguiente manera:

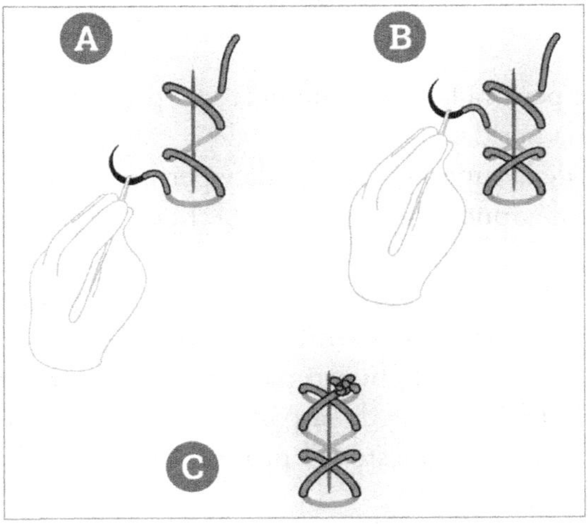

1. La sutura comienza como una sutura continua simple.
2. La aguja entra inicialmente en la superficie de la piel, atraviesa la superficie profunda de ambos bordes y sale de nuevo a través de la superficie de la piel del borde opuesto.
3. En este punto, generalmente se colocaría un nudo de rizo. Sin embargo, no se hace así, y el extremo corto se sujeta con un hemostato.
4. Se continúa con la sutura continua hasta cubrir toda la longitud de la herida. **Fig. A: Patrón continuo simple inicial.**
5. A continuación se invierte la aguja y se continúa con una sutura continua hacia atrás a lo largo de la herida.
6. Cada mordedura de la segunda fase continua debe colocarse de tal manera que forme una "X" con cada mordedura de la fase continua anterior. **Fig. B: La sutura continua continuó en dirección hacia atrás.**
7. Al llegar al inicio de la herida, se libera el hemostato y se utiliza el extremo corto para atar un nudo de rizo. **Fig. C: Nudo colocado.**
8. Se cortan ambos extremos de la sutura. Si se lleva a cabo correctamente, esta técnica puede dar excelentes resultados estéticos.

SUTURA DE LEMBERT

Se trata de una sutura especializada que se utiliza para recrear estructuras anatómicas que se invierten naturalmente. Por ejemplo, el pliegue alar de la base de la nariz y el borde helicoidal de la oreja se pueden suturar con esta técnica. También es útil para suturar el intestino. Esta técnica favorece la inversión de los bordes de la herida. Se realiza de la siguiente manera:

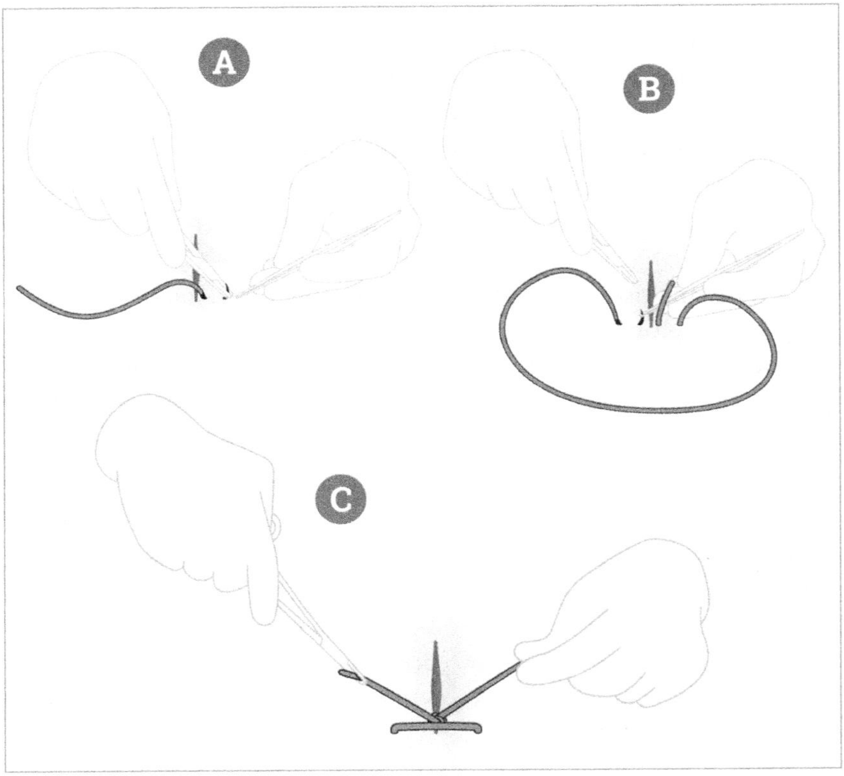

1. Se introduce la aguja en la superficie profunda, que es la dermis, y se extrae por la capa superficial de la piel, un poco lejos del borde de la herida. **Fig. A: Primera mordedura.**
2. A continuación la aguja cruza hacia el otro lado y se introduce de nuevo en la capa superficial de la piel, lejos del borde de la herida. Luego se saca a través de la dermis profunda de este lado. **Fig. B: Segunda mordedura.**

3. Se coloca un nudo de rizo. El nudo del rizo queda enterrado. Se cortan ambos extremos del material. **Fig. C: Nudo.**
4. La sutura de Lembert también se puede colocar de forma continua. En este método, solo se corta el extremo corto y se usa el extremo largo con la aguja para repetir el proceso al tomar mordeduras alternas de la dermis hasta un punto alejado de la herida en la piel. Esto se repite a lo largo de la longitud de la herida, hasta que se llega al final de la herida. Luego se coloca un nudo de rizo, sujetando el lazo aflojado de la sección anterior. Se cortan ambos extremos libres.

SUTURA DE CELOSÍA

Esta es otra técnica que se puede utilizar cuando sea necesario aproximar heridas con una tensión significativa. También es útil cuando los tejidos son tan atróficos que las suturas normales no pueden mantener los tejidos juntos. Esta técnica proporciona refuerzo adicional a la herida y sostiene mejor los tejidos. La técnica se realiza de la siguiente manera:

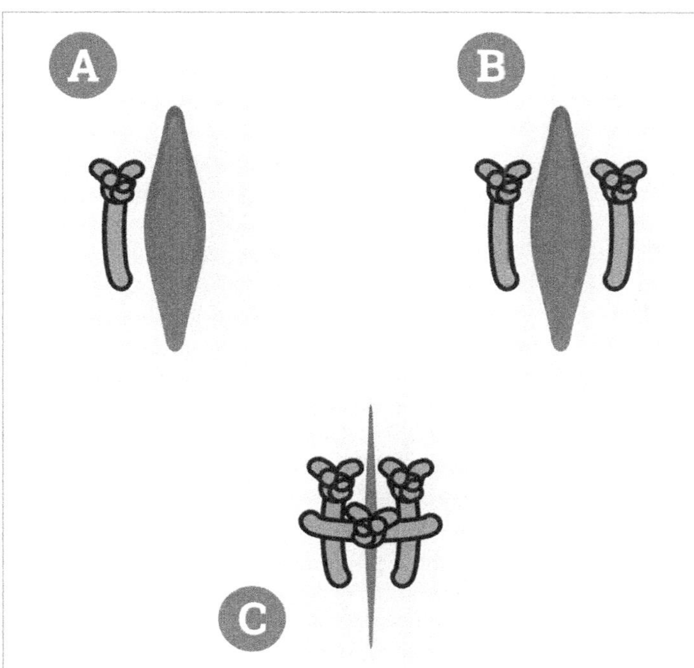

1. Siguiendo los pasos descritos en el capítulo anterior, se colocan suturas interrumpidas simples.
2. Sin embargo, en lugar de colocarse a través de la herida, las suturas se colocan paralelas a la herida o incisión, en un solo lado de la herida. **Fig. A: Sutura interrumpida paralela a la herida.**
3. Las suturas deben colocarse a lo largo de la incisión de la herida.
4. El procedimiento se repite en el lado opuesto de la herida. Las suturas a cada lado de la herida deben estar en perfecta alineación entre sí. **Fig. B: Sutura paralela en el lado opuesto.**
5. A continuación deben colocarse a lo largo de la herida las suturas interrumpidas simples.
6. Se introduce la aguja en la capa superficial del borde de la herida en un lado, de manera lateral a la sutura previamente colocada y en el punto medio de la sutura paralela.
7. La aguja emerge en la superficie profunda y atraviesa la superficie profunda del borde opuesto de la herida.
8. Surge desde el lado superficial, de nuevo lateralmente hacia y en el punto medio de la sutura paralela.
9. Se coloca un nudo de rizo y se cortan ambos extremos. **Fig. C: Sutura interrumpida a través de la herida.**

SUTURA DÉRMICA DE COLCHONERO VERTICAL COMBINADA

Se trata de una técnica de sutura que ahorra tiempo y lo mejor es aplicarla en heridas profundas pero estrechas. Esta técnica permite el cierre de múltiples capas al mismo tiempo, y también permite la eversión de los bordes de la herida. Es similar a la sutura de figura en 8, pero es más segura y proporciona una mejor aposición. La técnica se realiza de la siguiente manera:

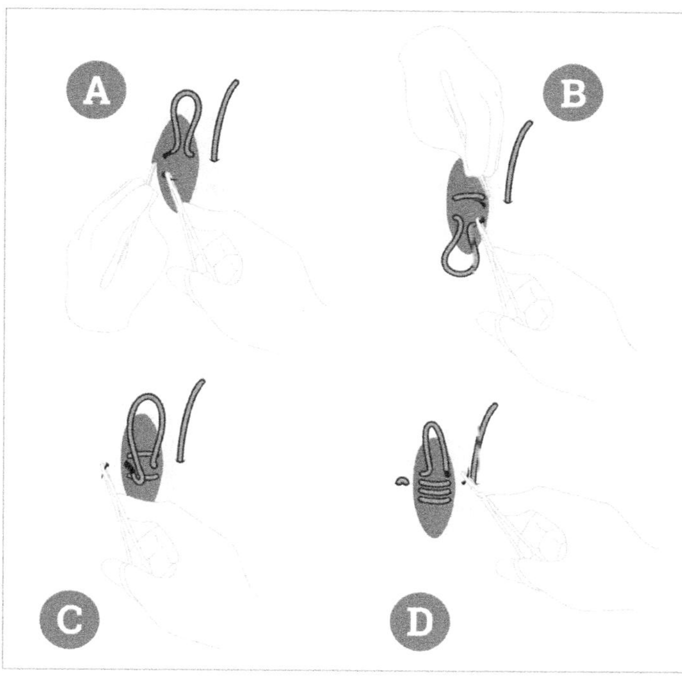

1. Se introduce la aguja en la piel en un lado del borde de la herida, a una distancia de 6 mm a 8 mm del margen de la herida.
2. La aguja emerge dentro de la dermis profunda en el mismo lado, y se cruza para perforar la dermis profunda en el mismo nivel, en el borde opuesto de la herida. **Fig. A: Piel a dermis profunda.**
3. A continuación se extrae la aguja a través de la parte superficial de la dermis en el segundo borde de la herida y se vuelve a introducir en la parte superficial de la dermis, al mismo nivel, en el primer borde de la herida.

4. Después se hace emerger la aguja desde la parte profunda de la dermis en el primer borde de nuevo. **Fig. B: Dermis profunda a epidermis.**
5. La aguja penetra ahora en la dermis superficial en el borde opuesto de la herida, y se saca a través de la piel de este borde, de 6 mm a 8 mm del margen de la herida. **Fig. C: Dermis profunda a piel.**
6. Se invierte la aguja y se introduce de nuevo a través de la piel, a 2 mm a 4 mm del margen de la herida.
7. La aguja ahora emerge de la unión dérmico-epidérmica de este lado.
8. Luego se cruza la aguja y se introduce en la unión dérmico-epidérmica del lado opuesto al mismo nivel.
9. Se saca la aguja a través de la piel, de 2 mm a 3 mm del margen de la herida. **Fig. D: Hacia atrás a través de la piel.**
10. Luego se coloca un nudo de rizo. Se cortan ambos extremos de la sutura.

LAZO DE BLOQUEO DE KESSLER

Se trata de una técnica especializada que se utiliza principalmente para la reparación de tendones. La técnica se realiza de la siguiente manera:

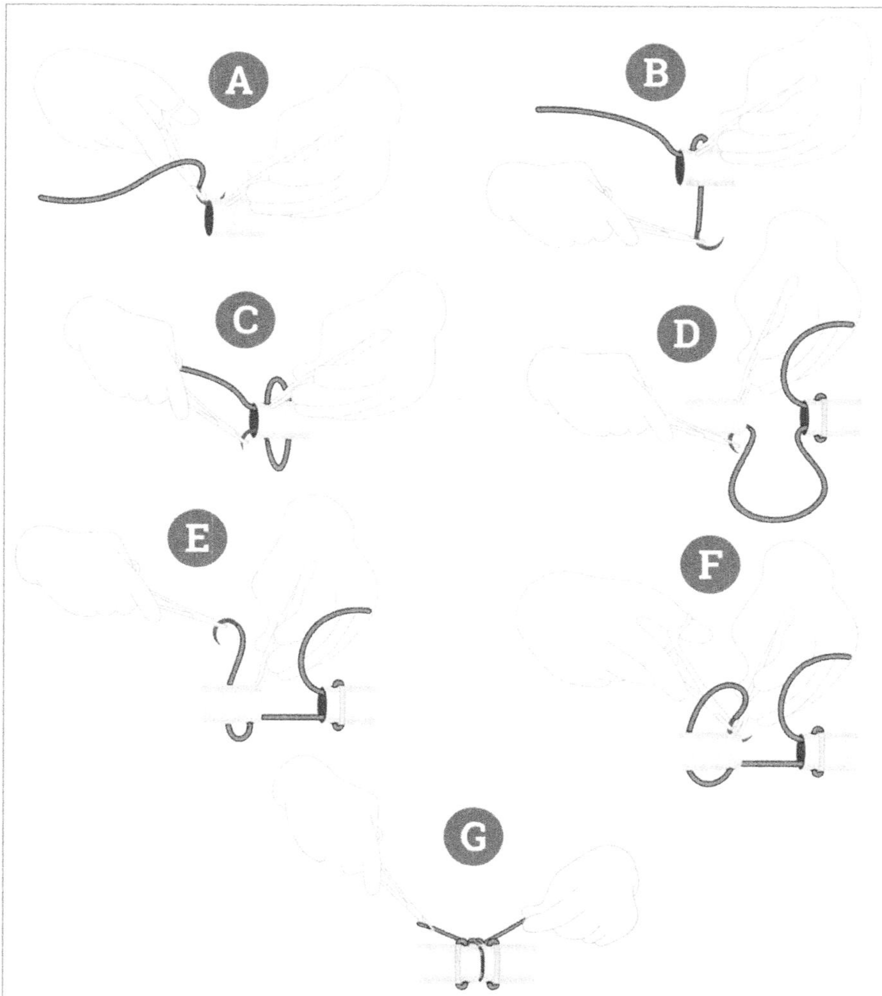

1. Se pasa la aguja desde la superficie profunda del tendón por un lado hasta la capa superficial. **Fig. A: Primer lado, primera mordedura.**

2. Se enrolla la aguja, con el material de sutura, alrededor del tendón, desde abajo, lejos del cirujano y sobre el tendón para hacer un lazo. **Fig. B: Lazo del primer lado.**
3. A continuación se introduce la aguja desde la parte superficial del tendón hasta la parte profunda, formando así un bloqueo. **Fig. C: Primer lado, segunda mordedura.**
4. La aguja se lleva entonces a la otra parte del tendón cortado, y se repite el proceso, de profundo a superficial. **Fig. D: Segundo lado, primera mordedura.**
5. Se coloca de nuevo la aguja alrededor del tendón, esta vez en dirección opuesta (hacia el cirujano). Se vuelve a introducir de la capa superficial a la profunda, y se retira. **Fig. E: Lazo del segundo lado. Fig. F: Segundo lado, segunda mordedura.**
6. Se recogen los extremos libres de ambos lados del tendón y se aplica un nudo de rizo. **Fig. G: Nudo.**

SUTURA DE CUSHING

Se trata de un patrón de sutura de inversión continua. Es más útil para suturar la capa final de incisiones intestinales. Esta incisión no penetra en el lumen intestinal y solo afecta a la serosa, la capa muscular y la submucosa. Esta técnica se realiza de la siguiente manera:

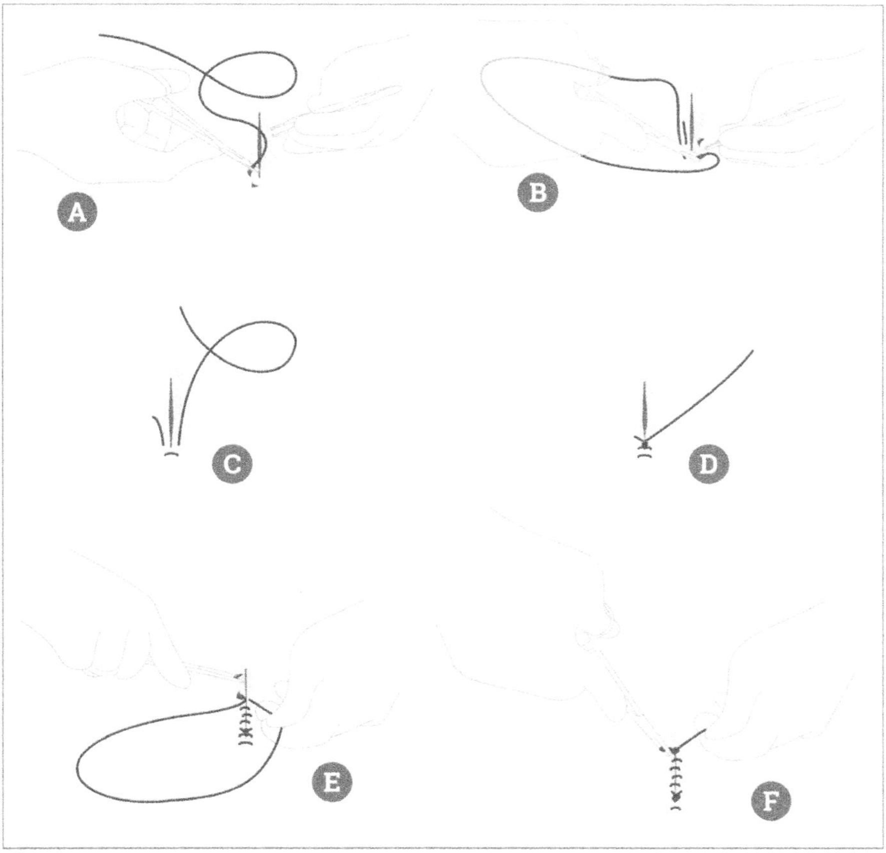

1. La primera mordedura se toma justo en o ligeramente por encima del vértice de la herida y la sutura recorre la longitud de la herida hasta el otro vértice. **Fig. A: Primera mordedura.**
2. Inicialmente, comienza como la sutura continua simple. La aguja perfora la capa superficial en un lado de la herida, emerge de la capa profunda, penetra en la superficie profunda del otro lado al mismo nivel, y emerge de la capa superficial al mismo nivel.

Fig. B: Segunda mordedura. Fig. C: Después de la segunda mordedura.

3. Se coloca un nudo de rizo y solo se corta el extremo corto. **Fig. D: Después del nudo de rizo.**
4. A continuación debe orientarse la aguja en paralelo a la incisión. En un lado del borde de la herida, se toma una mordedura a través de la capa superficial, y se realiza a través de la superficie profunda hasta que emerge por la capa superficial en el mismo borde de la herida, pero un poco más abajo en la longitud de la herida.
5. A continuación se cruza la aguja hacia el lado opuesto y se toma una mordedura similar, la mordedura de entrada debe corresponder a la mordedura de salida en el lado anterior y la mordedura de salida será un poco más abajo en la longitud de la herida.
6. El proceso se repite, alternando los lados, hasta llegar al final de la herida. **Fig. E: Continuando a lo largo de la herida.**
7. Se puede colocar un nudo de rizo usando el lazo suelto de la sección anterior. Se ve que los bordes de la herida se invierten y el nudo se entierra. **Fig. F: Nudo final.**

SUTURA PLISADA CONTINUA

La sutura plisada continua se utiliza cuando los dos bordes de la herida son de longitud desigual. Esto sucede a menudo durante la inserción de un colgajo en el sitio receptor. Esta técnica tiende a igualar la longitud en ambos lados de la herida, lo que produce un resultado ligeramente más estético. La técnica se realiza de la siguiente manera:

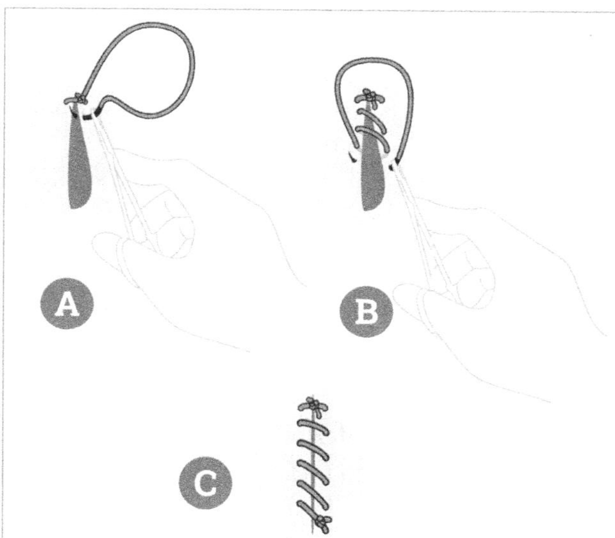

1. La técnica comienza en el vértice de la herida, donde convergen los bordes largos y los cortos.
2. Un poco por encima del vértice, se coloca una sola sutura interrumpida, introduciendo y extrayendo la aguja a través de la piel, de manera perpendicular a la herida.
3. Se aplica un nudo de rizo y solo se corta el extremo corto. A continuación se lleva la aguja al borde más largo de la herida, un poco lejos de la sutura interrumpida (alrededor de 6-7 mm).
4. A continuación se toma una mordedura a través del borde más largo de la herida, que entra a través de la piel y emerge relativamente superficialmente en el lado profundo (en la unión dérmico-epidérmica). **Fig. A: Lado de exceso: superficial y alejado del anterior.**

5. A continuación la aguja se cruza hacia el borde más corto de la herida y se introduce a un nivel ligeramente más profundo (dermis profunda).
6. La aguja se extrae a través de la piel, más cerca de la sutura interrumpida inicial (alrededor de 2-3 mm). **Fig. B: Lado sin exceso: mordedura profunda y más cercana.**
7. La aguja se cruza de nuevo hacia el borde largo y se toma una mordedura amplia pero superficial como antes.
8. La aguja se cruza de nuevo hacia el borde corto, donde se toma una mordedura estrecha pero profunda.
9. Este proceso se continúa como una sutura continua, hasta que se completa la sutura a lo largo de la herida.
10. Luego se coloca un nudo de rizo usando el lazo suelto de la sección anterior. Se cortan ambos extremos. **Fig. C: Después del cierre de la herida.**

SUTURA DE FROST

La sutura de Frost se utiliza exclusivamente después de la cirugía orbital. Se utiliza para mantener el párpado inferior en su sitio y prevenir el ectropión posoperatorio (eversión del párpado inferior), que puede producirse debido al edema. Esta técnica se realiza de la siguiente manera:

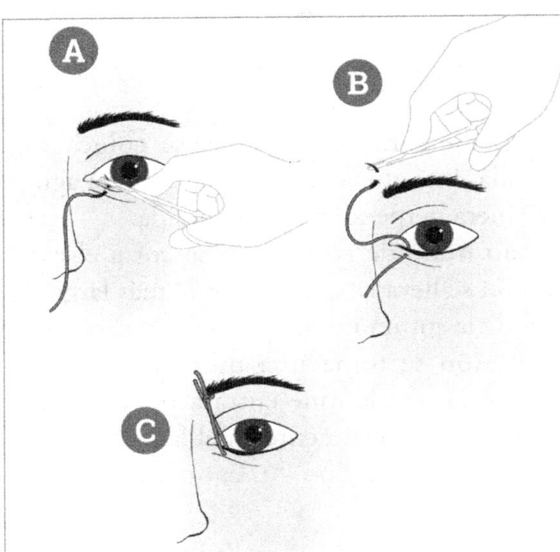

1. Se introduce la aguja a través de la piel en el borde o justo debajo de la parte medial del párpado inferior.
2. La aguja emerge en la capa conjuntival del párpado. La mordedura debe ser estrecha, alrededor de 3 mm. El cirujano debe tener cuidado de evitar el punteado inferior y el canalículo a toda costa. **Fig. A: Primera mordedura.**
3. A continuación se introduce la aguja y se retira a través de la piel hacia la ceja. **Fig. B: Segunda mordedura.**
4. Se coloca un nudo de rizo y se cortan ambos extremos. **Fig. C: Después de la colocación del nudo.**
5. Esta sutura sirve como un cabestrillo que cuelga el párpado inferior y evita que se evierta hacia abajo en el posoperatorio.
6. El nudo de la porción superior también se puede reemplazar por tiras adhesivas quirúrgicas. Esto permite controlar la firmeza del cabestrillo en el posoperatorio.

SUTURA DE REFUERZO

Esta técnica de sutura se utiliza para fijar un trozo de gasa en la parte superior de la zona quirúrgica. Es útil en el injerto de piel, donde el injerto de piel debe adherirse firmemente al lugar del donante subyacente. También es útil para ofrecer soporte a los cartílagos alares después de una rinoplastia. Esta técnica se realiza de la siguiente manera:

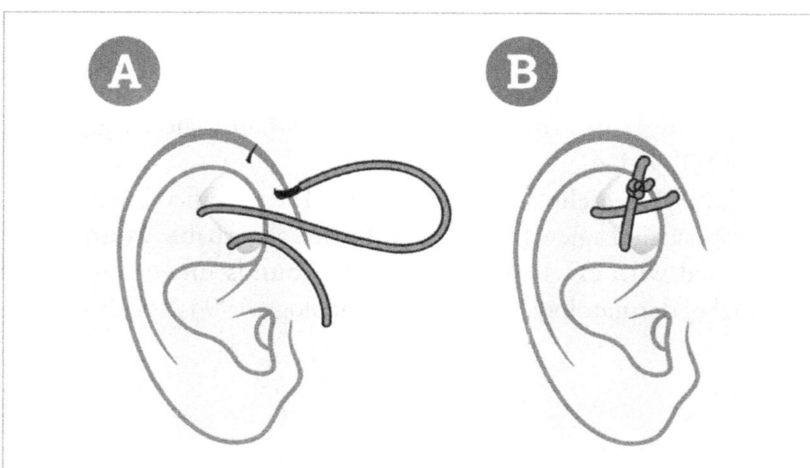

1. Se coloca un trozo de gasa sobre la superficie de la piel. El cirujano debe colocar suturas alrededor del pedazo de gasa, en un círculo imaginario.
2. La aguja se introduce a través de la piel en la posición de las 6 en punto y se saca en la posición de las 9 en punto.
3. A continuación, se cruza la aguja horizontalmente, hasta la posición de las 3 en punto.
4. La aguja debe perforar la piel en este punto y emerger en la posición de las 12 en punto. **Fig. A: Aguja saliendo a las 12 horas.**
5. La aguja con el material de sutura se cruza nuevamente a la posición de las 6 en punto.
6. Se coloca un nudo de rizo y se cortan ambos extremos de la sutura.
7. El material de sutura fija la gasa en el sitio en forma de una "X" sobre ella. **Fig. B: Forma de "X" final.**

Bibliografía:

1. Casparian JM, Monheit GD. Surgical pearl: The winch stitch—a multiple pulley suture. Journal of the American Academy of Dermatology. 2001 Jan 1;44(1):114-6.
2. Yotsumoto T, Mori R, Uchio Y. Optimum locations of the locking loop and knot in tendon sutures based on the locking Kessler method. Journal of orthopaedic Science. 2005 Sep 1;10(5):515.
3. Connolly KL, Albertini JG, Miller CJ, Ozog DM. The suspension (Frost) suture: experience and applications. Dermatologic Surgery. 2015 Mar 1;41(3):406-10.
4. Kouba DJ, Miller SJ. "Running Pleated" Suture Technique Apposes Wound Edges of Unequal Lengths. Dermatologic surgery. 2006 Mar;32(3):411-4.
5. Sadick NS, D'amelio DL, Weinstein C. The modified buried vertical mattress suture: a new technique of buried absorbable wound closure associated with excellent cosmesis for wounds under tension. The Journal of dermatologic surgery and oncology. 1994 Nov;20(11):735-9.

AUTOEVALUACIÓN

1. ¿Cuál de las siguientes suturas se puede hacer sin dejar marcas de sutura en la superficie de la piel?
   a. Sutura subcuticular
   b. Sutura de cabrestante
   c. Sutura continua plisada
   d. Sutura dérmica de colchonero vertical

2. ¿Cuál de las siguientes técnicas es ideal para sellar los defectos intestinales?
   a. Sutura cruzada
   b. Sutura subcuticular
   c. Sutura en bolsa de tabaco
   d. Sutura entrecortada de bloqueo de Kessker

3. La sutura Frost es una técnica de sutura especializada que cuelga ¿cuál de las siguientes estructuras?
   a. Párpado superior
   b. Párpado inferior
   c. Ligamento suspensorio de Lockwood
   d. Conducto nasolagrimal

4. ¿Cuál de las siguientes suturas es útil para insertar colgajos en el lugar receptor?
   a. Sutura de Lembert
   b. Sutura subcuticular
   c. Sutura continua plisada
   d. Sutura en bolsa de tabaco

5. ¿Cuál de las siguientes suturas se utiliza para la reparación de tendones?
   a. Sutura de Cushing
   b. Sutura de Lembert
   c. Sutura entrecortada de bloqueo de Kessler
   d. Sutura continua plisada

6. ¿Cuál de las siguientes suturas permite el cierre de capas profundas y superficiales en una sola sutura?
   a. Sutura continua plisada
   b. Sutura cruzada
   c. Sutura en bolsa de tabaco
   d. Sutura de colchonero vertical de la dermis

7. ¿Cuál de las siguientes suturas es útil para cerrar heridas que están bajo mucha tensión?
   a. Sutura continua bloqueada
   b. Sutura subcuticular
   c. Sutura de cabrestante
   d. Sutura entrecortada de bloqueo de Kessler

8. ¿Cuál de las siguientes técnicas de sutura es útil para heridas atróficas?
   a. Sutura de Cushing
   b. Sutura de celosía
   c. Sutura de Lembert
   d. Sutura de cabrestante

9. La sutura de Cushing es igual que la sutura continua simple, excepto por la siguiente diferencia importante
   a. El nudo de rizo no se ata al principio
   b. Los puntos están orientados paralelamente a los márgenes de la herida
   c. Se sustituye el nudo de rizo por el nudo de Aberdeen
   d. Se bloquea cada punto girándolo sobre sí mismo.

10. Esta técnica de sutura proporciona una buena estética y hemostasia, pero no es muy segura.
   a. Sutura cruzada
   b. Sutura subcuticular
   c. Sutura en bolsa de tabaco
   d. Sutura de cabrestante

CAPÍTULO 6

Cuidados Posoperatorios De La Herida Suturada Y Complicaciones

Cualquier herida suturada que esté expuesta al ambiente exterior requiere cuidados posoperatorios. Esto obviamente no se aplica a las suturas temporales, como las suturas de anclaje que se habrían eliminado al final de la intervención quirúrgica. Los vasos sanguíneos ligados tampoco necesitan cuidados una vez finalizada la intervención, a menos que la ligadura se deslice. Sin embargo, puede ser necesario adoptar precauciones con respecto a los vasos sanguíneos anastomosados.

Cuidados Posoperatorios De Las Incisiones Quirúrgicas Y Las Laceraciones

Apósitos para la herida:

- Inmediatamente después de la colocación de la sutura final, debe vendarse la herida para protegerla del polvo y la contaminación.
- No se debe utilizar nunca gasas secas en la herida, ya que pueden adherirse a las secreciones de la herida, y su retirada en una fecha posterior provocaría dolor.
- La gasa de parafina, impregnada con antibióticos (como Sofra-Tulle o Bactigras) son opciones ideales.
- Opcionalmente, se puede aplicar una pomada antibiótica, como una crema de framicetina sobre la herida en una capa delgada y cubrirla con la gasa.

- La gasa medicada se mantiene en su lugar con cinta quirúrgica. Se pueden usar vendajes compresivos si se prevé inflamación en el lugar de la herida.
- Para los injertos de piel, se puede poner un refuerzo de gasa sobre el injerto usando suturas de anclaje. Esto ayudará a que el injerto se adhiera al tejido subyacente. Se puede poner otro apósito en la parte superior del soporte con gasa de parafina.

Cuidados de la herida suturada en los primeros días:

- La herida debe mantenerse limpia y seca durante las primeras 24 horas.
- No deben tocarse los apósitos durante al menos 48 horas, a menos que se empape excesivamente con sangre o fluido inflamatorio.
- Pasadas 48 horas, se puede limpiar suavemente la herida con solución salina o jabón y agua limpia. La pomada antibiótica debe aplicarse periódicamente.

Retirada de las suturas:

No es necesario quitar las suturas absorbibles. Las suturas no absorbibles deben retirarse después de un plazo de tiempo específico, dependiendo de la cicatrización de la herida y su localización anatómica. Las zonas con un buen riego sanguíneo se curarán más rápido y, por lo tanto, las suturas de esos lugares se pueden quitar antes. En general, se siguen las siguientes normas para la retirada de suturas de varias partes del cuerpo:

- Las suturas de la cara se pueden quitar en dos o tres días.
- Las suturas de las heridas del cuero cabelludo se pueden quitar en cinco días.
- Las suturas de la extremidad superior, la ingle y la cavidad bucal se pueden quitar en siete días.
- Las suturas del abdomen se pueden quitar en diez días.
- Las suturas de la zona dorsal del cuerpo, el tronco inferior y las extremidades se pueden quitar en diez a catorce días.

La técnica a seguir para la retirada de suturas es la siguiente:

1. La herida debe limpiarse primero con una gasa empapada en solución salina, para eliminar el tejido cicatricial friable y la sangre incrustada.

2. Usando las pinzas para tejido, el nudo de la sutura debe levantarse suavemente de la superficie de la herida.
3. A continuación se usan las tijeras para sutura para cortar una extremo del material de sutura justo por debajo del nudo.
4. Se utilizan las pinazas para tirar del nudo suavemente, lo que permite que el material de sutura se deslice fuera del tejido por completo.
5. El procedimiento se repite hasta que se eliminan todas las suturas.
6. Para las suturas continuas, no bastará con cortar solo el nudo. Debe levantarse y cortarse cada lazo de la sutura continua y debe retirarse individualmente cada parte.
7. Para retirar las suturas subcuticulares se debe cortar el nudo en el vértice de cada extremo. La sutura se puede retirar suavemente desde el interior de la herida.

Complicaciones

En la herida suturada se pueden producir las siguientes complicaciones.

- **Infección de la herida:**
  Se produce cuando el lugar de la sutura se contamina por microorganismos. Los signos de que se ha infectado una herida consisten en dolor, calor y enrojecimiento alrededor del lugar de la herida, y fiebre sin motivo aparente. Puede aparecer dehiscencia de la herida con secreción de pus de la herida. Para resolverlo, se deben quitar algunas suturas y dejar que se evacúe el pus por completo. La herida infectada debe tratarse con desbridamiento completo e irrigación con antibióticos. El paciente también puede recibir antibióticos sistémicos.

- **Dehiscencia de la herida:**
  Aunque se puede producir como consecuencia de una infección, las causas no infecciosas también pueden provocar dehiscencia de la herida. Una socavación inadecuada del tejido antes del cierre y la sutura de la herida bajo tensión pueden provocar dehiscencia. Si la herida no muestra signos de infección, y si han transcurrido menos de 24 horas desde la colocación de la sutura, se puede intentar volver a suturar. De lo contrario, es mejor dejar que la herida cicatrice por segunda intención sin colocación de sutura.

- **Cicatrización:**
  Las suturas estéticas no dejan mucha cicatriz. Sin embargo, si las suturas no se retiran rápidamente, o si el material de la sutura no se ha expandido con la inflamación de la herida, se pueden formar cicatrices de "vía de tren" debido a la trama cruzada de la sutura.

- **Formación de queloides:**
  Los queloides son masas firmes de tejido cicatricial que proliferan mucho más allá de los límites de los márgenes originales de la herida. Se producen debido a una respuesta excesiva del cuerpo a la cicatrización de una herida. Aunque los queloides se pueden extirpar quirúrgicamente, pueden reaparecer. Las inyecciones de esteroides pueden ayudar a reducir su formación.

- **Cicatriz hipertrófica:**
  Son similares a los queloides, pero no son tan proliferativas y se limitan a los márgenes de la herida. Son habituales en las zonas de las articulaciones y, a diferencia de los queloides, su tamaño puede disminuir con el tiempo. La escisión de cicatrices hipertróficas, seguida de vendajes compresivos firmes, puede limitar su nueva formación.

AUTOEVALUACIÓN

1. ¿Qué parte de la sutura debe cortarse durante la retirada de la sutura?
   a. El nudo
   b. El material de sutura justo debajo del nudo
   c. El material de sutura justo encima del nudo
   d. El material de sutura que entra en el tejido

2. ¿Cuál de los siguientes no debe colocarse directamente sobre una herida suturada?
   a. Gasa de parafina
   b. Gasa impregnada con antibiótico
   c. Gasa seca
   d. Pomada antibiótica

3. ¿Cuándo deben retirarse las suturas de las extremidades superiores?
   a. 3 días
   b. 5 días
   c. 7 días
   d. 9 días

4. ¿Qué tratamiento puede prevenir la recurrencia de los queloides?
   a. Crema antibiótica
   b. Crema esteroide
   c. Inyecciones de esteroides
   d. Resección quirúrgica

5. ¿Cuál de las siguientes no es una característica clínica de la infección de la herida?
   a. Enrojecimiento de la herida
   b. Secreción de pus de la herida
   c. Formación de vías de tren
   d. Dehiscencia de la herida

CLAVE DE LAS RESPUESTAS

CAPÍTULO 1

1. d
2. d
3. a
4. b
5. c
6. b
7. b
8. d
9. b
10. b

CAPÍTULO 2

1. d
2. b
3. c
4. b
5. b

CAPÍTULO 3

1. d
2. a
3. b
4. c
5. b
6. a
7. c
8. d
9. b
10. a

CAPÍTULO 4

1. a
2. b
3. b
4. c
5. c
6. b
7. b
8. c
9. a
10. d

CAPÍTULO 5

1. a
2. c
3. b
4. c
5. c
6. d
7. c
8. b
9. b
10. a

CAPÍTULO 6

1. b
2. c
3. c
4. c
5. c

Índice

A

B

C

D

E

F

G

H

I

L

M

N

P

Q

R

S

T

Made in the USA
Monee, IL
13 September 2026

62981950R00066